用于国家职业技能鉴定
YONGYU GUOJIA ZHIYE JINENG JIANDING

国家职业资格培训教程
GUOJIA ZHIYE ZIGE PEIXUN JIAOCHENG

焊工

（中级）

第2版

编审委员会

主　任　刘　康

副主任　张亚男

委　员　孙戈力　高鲁民　史文山　陈　蕾　张　伟

编审人员

主　编　王晓林

编　者　严伍臣　毕见武　王晓林　倪占寿　张永建

　　　　丁文花　包　春

主　审　汤日光

审　稿　蒋春永　乔　虎

中国劳动社会保障出版社

图书在版编目(CIP)数据

焊工：中级/中国就业培训技术指导中心组织编写. —2 版. —北京：中国劳动社会保障
出版社，2012

国家职业资格培训教程

ISBN 978 - 7 - 5045 - 9751 - 9

Ⅰ．①焊… Ⅱ．①中… Ⅲ．①焊接-技术培训-教材 Ⅳ．①TG4

中国版本图书馆 CIP 数据核字(2012)第 116550 号

中国劳动社会保障出版社出版发行

（北京市惠新东街 1 号 邮政编码：100029）

出 版 人：张梦欣

＊

三河市华骏印务包装有限公司印刷装订 新华书店经销
787 毫米×1092 毫米 16 开本 14.75 印张 257 千字
2012 年 6 月第 2 版 2024 年 1 月第 16 次印刷

定价：**29.00 元**

营销中心电话：400－606－6496

出版社网址：http://www.class.com.cn

前　言

为推动焊工职业培训和职业技能鉴定工作的开展，在焊工从业人员中推行国家职业资格证书制度，中国就业培训技术指导中心在完成《国家职业技能标准·焊工》（2009年修订）（以下简称《标准》）制定工作的基础上，组织参加《标准》编写和审定的专家及其他有关专家，编写了焊工国家职业资格培训系列教程（第2版）。

焊工国家职业资格培训系列教程（第2版）紧贴《标准》要求，内容上体现"以职业活动为导向、以职业能力为核心"的指导思想，突出职业资格培训特色；结构上针对焊工职业活动领域，按照职业功能模块分级别编写。

焊工国家职业资格培训系列教程（第2版）共包括《焊工（基础知识）》《焊工（初级）》《焊工（中级）》《焊工（高级）》《焊工（技师 高级技师）》5本。《焊工（基础知识）》内容涵盖《标准》的"基本要求"，是各级别焊工均需掌握的基础知识；其他各级别教程的章对应于《标准》的"职业功能"，节对应于《标准》的"工作内容"，节中阐述的内容对应于《标准》的"技能要求"和"相关知识"。

本书是焊工国家职业资格培训系列教程中的一本，适用于对中级焊工的职业资格培训，是国家职业技能鉴定推荐辅导用书，也是中级焊工职业技能鉴定国家题库命题的直接依据。

中国就业培训技术指导中心

目　录

CONTENTS　国家职业资格培训教程

I

焊条电弧焊

第1节 管板插入式或骑座式焊接单面焊双面成型

 学习单元1 管板插入式或骑座式焊接单面焊双面成型焊接

 学习目标

➤ 掌握低碳钢管板焊接的坡口选择原则。

➤ 掌握低碳钢管板焊接的操作要领。

➤ 能进行管板插入式或骑座式焊接单面焊双面成型焊接。

 知识要求

一、管板焊接的形式及分类

管板接头是锅炉及压力容器制造中最基本的焊接接头形式之一，主要用于各种接管、法兰面等焊接结构形式。根据接头中管与板相对位置的不同可分为插入式与骑座式两大类。根据空间位置的不同，每类又可分为垂直固定俯位、垂直固定仰位和水平固定全位置三种，管板的焊接位置如图1—1所示。

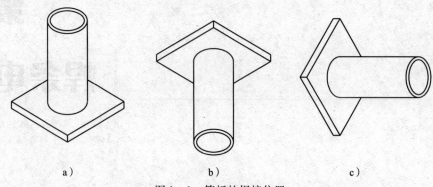

a)   b)   c)

图1—1　管板的焊接位置

a）垂直固定俯位　b）垂直固定仰位　c）水平固定全位置

二、管板焊接的坡口选择原则

1. 管板插入式焊接的坡口选择原则

管板插入式焊接一般只需保证根部焊透，外表焊脚对称，满足要求，焊缝无缺陷，焊接相对较容易，通常无须加工坡口，如图1—2所示；只有在较高要求或图样有明确说明的情况下才进行坡口的加工，如图1—3所示。

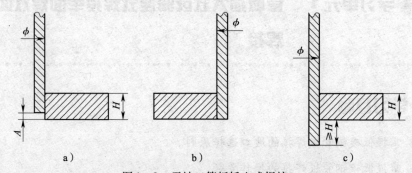

a)   b)   c)

图1—2　无坡口管板插入式焊接

a）内部不焊时 $A \leqslant 3$ mm，焊接时 $A =$ （该部焊脚尺寸 +2）mm

b）插入管里面不焊，与板平齐　c）插入管里面焊接

如图1—3所示钢板的坡口一般通过机械加工得到，坡口角度及其他装配与工艺要求按图样技术要求执行。

2. 管板骑座式焊接的坡口选择原则

管板骑座式焊接除要保证与管板插入式焊接焊缝的相同要求外，还要保证焊缝内部焊透及成型，即单面焊双面成型，其坡口要求如图1—4所示。

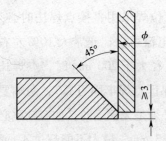 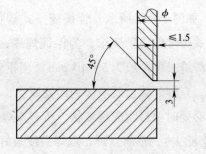

图1—3　开坡口管板插入式焊接　　　图1—4　管板骑座式焊接的坡口要求

管板骑座式焊接中钢管的坡口一般通过机械加工得到，其装配与工艺要求按图样技术要求执行，无要求时也可按图1—4所示执行。

三、低碳钢管板焊接焊条选用的一般原则

1. 焊条型号选择的一般原则

对于一般焊接结构，焊条型号的选择原则首先应根据被焊工件的材质、工作条件、结构及形状、刚度以及焊接设备、施工条件等企业生产条件来确定。一般情况下，对于低碳钢可以优先选择酸性焊条，典型型号有E4303；对于重要焊接结构或图样有明确要求的，应选择碱性焊条，典型型号有E4315和E5015；对于合金钢应根据图样要求或焊接工艺文件来确定。

2. 焊条直径选择的一般原则

（1）仰焊位置选用ϕ2.5 mm的焊条。

（2）打底层选用ϕ2.5 mm的焊条，填充层、盖面层用ϕ3.2 mm的焊条。

（3）管板插入式无坡口焊接选用ϕ3.2 mm的焊条。

以上焊条的选择方法只是一般选择原则，为提高焊接生产效率，编制焊接工艺文件时可以根据焊工技能水平适当增大焊条直径。

四、管板焊接组装点焊的一般原则

管板焊条电弧焊焊接组装前的准备工作与其他平板焊接一样。但装配点焊有所不同。装配时根据要求按图1—2、图1—3、图1—4执行。定位点焊一般按圆周均匀分布三处，并注意以下几点：

1. 定位焊一般要按图1—5所示的位置点焊。

2. 定位焊如果点焊后马上进行焊接，可以只点焊两点，而第三点就是开始焊接的起焊点。

图1—5　定位焊的位置

3. 如图1—6a所示，管板骑座式焊接的定位焊采用直接点焊法时必须焊透，达到正式焊接的质量要求，为保证焊透，焊接电流可以比正常大10%左右，所有点焊的焊缝长度一般为5～10 mm（当钢管的直径大于200 mm时，点焊长度要适当加大，点焊处数也要增加到四处以上，必须保证点焊牢固可靠），两端要形成缓坡状，必要时要打磨成缓坡状。所有点焊焊缝必须是无缺陷的，如有缺陷必须铲除（或打磨除去），重新点焊，点焊高度最好为2～3 mm，最大不能超过4 mm，否则要打磨达到要求。

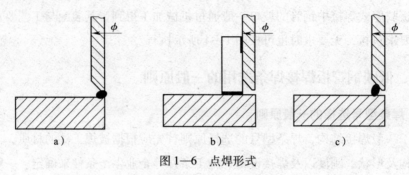

图1—6 点焊形式

a）直接点焊法（定位焊是焊道的一部分） b）连接板点焊法（连接板点焊）

c）间接点焊法（临时焊道点焊）

4. 采用连接板点焊法时的参数：连接板尺寸为（3～5）mm×20 mm×50 mm，如图1—6b所示，要求两接触面垂直度精度要高。焊脚尺寸为3 mm即可，焊缝长度为3～5 mm，特别注意焊脚一定要在一侧，以方便去掉连接板。

5. 如图1—6c所示，当采用临时焊道点焊时，焊道只要连接可靠即可，在正式焊接时，当焊接到该位置时要打磨除去，所以在练习时较少采用。

直接点焊法、连接板点焊法、间接点焊法的优缺点比较见表1—1。

表1—1 三种点焊法的优缺点比较

	直接点焊法	连接板点焊法	间接点焊法
对焊工要求	高，与正式焊接一样	低	低
操作难度	高，作为正式焊接的一部分	临时焊道	临时焊道
打磨处理	无须处理	焊接完成后打磨	焊接到该位置时需打磨除去
质量影响	正式焊道的一部分，直接影响	非正式焊道，不影响	非正式焊道，不影响
应用频率	高	高	低
效率	点焊效率高，生产效率高	点焊效率高，生产效率中等	点焊效率高，生产效率低

五、单面焊双面成型知识

单面焊双面成型技术是锅炉、压力容器焊接中常用的一种技术，也是制造一些重要结构件时常用的方法，其特征是既要求焊透而又在背面无法进行清根和重新焊接时所采用的技术，其效果是在焊接过程中不需要采取任何辅助措施，当在坡口的正面用普通的焊接方法进行焊接时，就会在坡口的正面、背面都能得到均匀整齐、成型良好的、符合质量要求的焊缝。

单面焊双面成型一般是针对焊接打底层而言的，其操作手法大体分为连弧焊法和断弧焊法两大类。采用连弧焊法进行打底焊时，电弧引燃后，一般是短弧连续运条直至一根焊条结束再换另一根焊条；而采用断弧焊法进行打底焊时，利用电弧周期性的燃弧—熄弧—燃弧过程，使母材坡口钝边金属有规律地熔化成一定尺寸的熔孔，在电弧作用正面熔池时，使 1/3 ~ 2/3 的电弧穿过熔孔而形成背部焊道。

六、管板焊接垂直俯位的操作要领（以插入式无坡口为例）

1. 焊接时人体与工件的相对位置

以焊接练习用多工位支架（见图1—7）来学习时，焊件按图1—1a所示放置在支架平台上，调整工件位置及高度，使其处于合适位置（当人体处于蹲位时，以方便施焊），注意要始终让自己处于容易施焊的位置。当然实际工作时只能通过调整人体位置来适应。

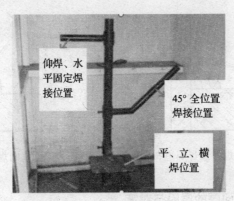

图1—7 焊接练习用多工位支架（支架可上下、左右移动）

2. 焊接参数的预置及焊接时的操作要点

焊条直径与焊接电流的推荐值可参见表1—2。

表 1—2　　　　　　　　　焊条直径与焊接电流的推荐值

		焊条直径/mm	焊接电流/A	备　注
一层焊接		3.2	105～115	单层，焊脚高度一般小于 6 mm
两层焊接	1	3.2	110～130	两层，焊脚高度一般为 4～10 mm
	2	3.2	100～120	
多层多道焊接	打底层	3.2	100～120	多层多道，焊脚高度一般大于 6 mm，焊道布置如图 1—8 所示
	填充层	3.2	110～130	
	盖面层	3.2	110～120	

（1）单层焊接时焊条与孔板间夹角为 40°，焊条与焊接方向夹角为 45°。焊接时采取连续焊，无须摆动，直线运条，焊脚高度由运条速度来保证，焊接时注意观察焊脚高度，同时注意焊脚应对称。

（2）两层两道焊接时，打底层焊接方法与单层焊接相同，但要注意焊接速度要适当加大，其焊脚尺寸应小于 5 mm，以方便盖面层的焊接。焊接盖面层时的运条方法与打底层有所不同，就是焊条要做小幅摆动，同时应在根部稍作停留，以免出现咬边现象。

（3）多层多道焊接时，打底层与两层两道焊接的打底焊相同。第二层由两道组成，此时应注意焊条角度的调整，如图 1—9 所示，焊接时应先焊第 3 道焊缝，再焊第 4 道焊缝，注意下一道焊道要重叠上一道焊道 1/2～2/3 宽度，如图 1—8 所示。

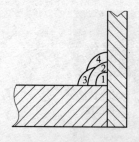

图 1—8　垂直俯焊多道焊焊道布置

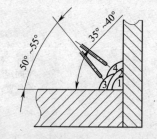

图 1—9　垂直俯焊多道焊时焊条角度

3. 焊接时易出现问题的原因与对策

焊接时易出现问题的原因与对策可参见表 1—3。

表 1—3　　　　　　　　　　焊接时易出现问题的原因与对策

缺陷名称	产生原因	采取对策
打底层夹渣	管板厚度差导致散热不均匀	控制好运条与前进速度，注意观察熔池成型情况
咬边	电流过大或运条两边停留时间过短	适当降低焊接电流，在两边适当停留
焊脚不对称	焊条与孔板角度不对，运条幅度不均匀	调整焊条角度，注意保证运条幅度均匀
接头不良	接头处填充金属过多或过少，导致凹陷或凸起	热接头时，更换焊条应迅速，在熔池还没有冷却时，就在熔池前 5～10 mm 处引弧，然后拉到原弧坑处开始焊接。冷接头时，应敲掉焊渣（必要时将弧坑打磨成缓坡状），再按热接头方法开始焊接。焊接封闭接头时，应与原焊道重叠 10 mm 左右

七、管板焊接垂直仰位的操作要领（以骑座式有坡口为例）

1. 焊接时人体与工件的相对位置

焊接练习用多工位支架来学习时，焊件按图 1—1b 所示固定在支架（见图 1—7）上，调整工件位置及高度，使其处于合适位置（此时人体处于直立位），同时整理焊接电缆，必要时将电缆固定好，让电缆处于不妨碍操作的状态，注意要始终让自己处于容易施焊的位置。当然实际工作时只能通过调整人体位置来适应。

2. 焊接参数的预置及焊接时的操作要点

焊条直径与焊接电流的推荐值可参见表 1—4。焊道布置采取三层四道，如图 1—10 所示。

表 1—4　　　　　　　　　焊条直径与焊接电流的推荐值

焊接层次	焊条直径/mm	焊接电流/A
打底层	2.5	60～80
填充层	2.5	70～90
盖面层	2.5	70～80

（1）打底焊

在定位焊焊缝处开始引弧，引弧后迅速拉长 0.5～1 s，将接头处预热，然后将焊条头向里压，击穿坡口形成熔孔，做小幅锯齿形摆动，开始焊接。打底时的焊条角度如图 1—11 所示。

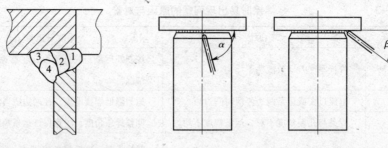

图1—10　仰焊焊道布置　　　图1—11　仰焊打底时的焊条角度

$\alpha = 70° \sim 80°$　$\beta = 30° \sim 35°$

　　焊接时，要采用短电弧，在摆动过程中应仔细观察熔池，看见孔板与钢管坡口根部熔合在一起后稍稍拉长电弧，让熔池温度不会太高，再继续焊接，这样不断形成新的熔孔，不断焊接。应该注意的是电弧要适当偏向孔板，以免烧穿钢管。焊接接头时必须在熔池的前面10 mm左右处引弧，回焊至弧坑处开始正常焊接，这样一方面可以将弧坑填满，另一方面可以将弧坑处留下的弧坑缺陷熔化掉。最后封闭接头时，同样也应与开始焊道重叠10 mm左右，以形成饱满合格的接头。

　　（2）填充焊

　　进行填充焊时焊条角度、操作方法与打底焊时相同。但不同的是焊条摆动幅度和焊接速度都应大一些，应注意焊道两侧都要熔合好，形成平整表面，焊缝应将整个坡口填满。以利于进行盖面层焊接。

　　（3）盖面焊

　　盖面层由两条焊道组成，焊接时先焊上面的焊道3，后焊下面的焊道4（见图1—10），操作时焊条角度如图1—12所示。

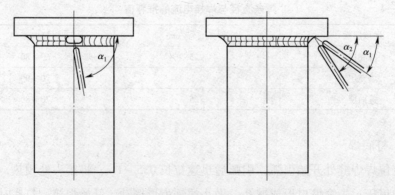

图1—12　盖面焊时的焊条角度

$\alpha_1 = 70° \sim 85°$　$\alpha_2 = 60° \sim 70°$　$\alpha_3 = 50° \sim 60°$

焊接上面的焊道3时，运条幅度和间距都应比较大，呈斜锯齿形运动轨迹，让孔板处的焊脚达到8 mm左右，焊道下边缘压住填充焊道的1/2～2/3。焊下面的焊道4时，使焊道下缘在钢管上形成8 mm左右的焊脚，上边缘压住焊道3下边缘的1/3左右，并使焊道形成一个良好的斜坡，防止形成一圈凹槽或凸槽，影响焊接质量。

3．焊接时易出现问题的原因与对策

焊接时易出现问题的原因与对策可参见表1—5。

表1—5　　　　　　　　　焊接时易出现问题的原因与对策

缺陷名称	产生原因	采取对策
打底层内凹	电弧透过坡口内部不够	电弧的2/3左右应穿过坡口燃烧，焊接时电弧应尽量短
焊瘤	电流过大或运条不良	适当降低焊接电流，让电弧托住金属熔液
焊脚不对称	运条幅度不均匀	调整焊条角度，注意运条幅度均匀
接头不良	接头处填充金属过多或过少，导致凹陷或凸起	热接头时，更换焊条应迅速，在熔池还没有冷却时，就在熔池前5～10 mm处引弧，然后拉到原弧坑处开始焊接。冷接头时，应敲掉焊渣（必要时将弧坑打磨成缓坡状），再按热接头方法开始焊接。焊接封闭接头时，应与原焊道重叠10 mm左右

八、管板水平固定全位置焊接的操作要领

1．焊接时人体与工件的相对位置

以焊接练习用多工位支架来学习时，焊件按图1—1c所示固定在支架上，调整工件位置及高度，使其处于合适位置（此时人体处于直立位），注意要始终让自己处于容易施焊的位置。当然实际工作时只能通过调整人体位置来适应。

2．焊接参数的预置及焊接时的操作要点

采取三层四道焊缝布置，焊接方法参照俯位及仰位操作要领。

3．焊接时易出现问题的原因与对策

焊接时易出现问题的原因与对策可参见表1—6。

表1—6　　　　　　　　　焊接时易出现问题的原因与对策

缺陷名称	产生原因	采取对策
仰焊位置打底层内凹	电弧透过坡口内部不够	电弧的2/3左右应穿过坡口燃烧，焊接时电弧应尽量短
立焊位焊瘤	电弧在两侧停留时间不够	增加电弧在两侧停留时间

续表

缺陷名称	产生原因	采取对策
焊脚不对称	运条幅度不均匀	调整焊条角度，注意运条幅度均匀
接头不良	接头处填充金属过多或过少，导致凹陷或凸起	热接头时，更换焊条应迅速，在熔池还没有冷却时，就在熔池前 5～10 mm 处引弧，然后拉到原弧坑处开始焊接。冷接头时，应敲掉焊渣（必要时将弧坑打磨成缓坡状），再按热接头方法开始焊接。焊接封闭接头时，应与原焊道重叠 10 mm 左右

 技能要求 1

骑座式管板水平固定全位置单面焊双面成型焊接

水平固定焊接又叫水平固定全位置焊接，在焊接时不允许改变焊件的空间位置，其中包含平焊、立焊和仰焊操作技能，因此，必须掌握以上三种操作技能后才能完成该项目的焊接，这是管板焊接中较难的项目。

一、操作准备

1. 材料准备

（1）孔板

材质为 Q235A 钢，板厚 $\delta = 10$ mm，尺寸为 150 mm × 150 mm（在板中间经机械加工出 $\phi50$ mm 的孔）。

（2）钢管

材质为 20 钢，规格为 $\phi60$ mm × 5 mm，$L = 100$ mm，经机械加工的坡口形式及尺寸如图 1—13 所示。

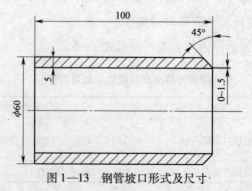

图 1—13　钢管坡口形式及尺寸

（3）连接钢板

材质为 Q235A 钢，板厚 $\delta = 6$ mm，尺寸为 40 mm×60 mm，两件。

（4）焊条

E4303 型，$\phi 2.5$ mm。

2. 设备准备

BX3—300 型弧焊变压器、$\phi 125$ mm 角磨机、（指形）磨头磨光机。

3. 工具准备

敲渣锤、锤子、90°角尺、钢丝刷、锉刀、钳形电流表。

4. 劳动保护用品

工作服、焊工皮手套、护脚套、面罩。

二、操作步骤（以连接板点焊法为例）

1. 点焊

下面叙述的方法适用于点焊后马上焊接，如果是点焊好以后再焊接，则需点焊三处。

（1）打磨

用角磨机打磨钢板焊接区至见金属光泽，用指形磨头磨光机打磨钢管焊接区（内部 10 mm，外表 20 mm）至见金属光泽，坡口钝边值要符合要求。

（2）调整电流

采用试焊的方法调整电流为 60~80 A，必要时可借助钳形电流表调整。

（3）组对

先在孔板上要点焊的位置（1 点半、10 点半位置）用石笔做好记号（按图1—14 所示位置），然后将孔板放在清理干净的平台上，要求孔板与平台无间隙，按图1—6b 的形式组对，间隙为 2.5~3.2 mm。间隙的调整可用 3 mm 的圆钢制成 U 形（U 形的开口为 35 mm 左右）垫在钢板上，注意 U 形圆钢所放置位置要与第一点准备点焊位置有 10 mm 以上的距离，再将钢管放在上面，保证钢管的内壁与钢板孔内壁对齐。

（4）点焊

先在将要进行第一点点焊处孔板与钢管一侧组对一块连接板，注意连接板要与孔板垂直，连接板与孔板的点焊要在远离钢管位置点焊一点，与钢管的点焊位置要在远离孔板位置点焊两点，两点距离在 10 mm 左右即可，焊脚长度为 3 mm，焊缝长度为 3~5 mm。完成第一处点焊后，将 U 形圆钢小心取出，用 90°角尺检验钢板与钢管的垂直度是否符合要求，若不合适可用锤子轻敲调整，合格后按预先划好的位置进行另一处点焊工作，点焊要求与第一处相同，两点焊位置的夹角为120°左右。点焊好后，清理干净熔渣、飞溅物等附着物。

2. 焊接

下面采取时钟位置标记法来标记区分焊接区域，如图1—14所示。两点焊位置中心线为垂直线，即两点焊点在1点半、10点半位置。

焊接采取如图1—15所示的三层三道方式布置，焊条直径与焊接电流的推荐值见表1—7。

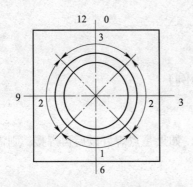
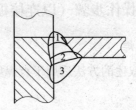

图1—14 管板的分区 　　　　　图1—15 全位置焊焊道分布
1—仰焊区　2—立焊区　3—平焊区

表1—7　　　　　　　　　　焊条直径与焊接电流的推荐值

焊接层次	焊条直径/mm	焊接电流/A
打底层		60~80
填充层	2.5	70~90
盖面层		70~80

开始焊接前先将点焊好的试件按时钟方法（即0点位置在上）固定在焊接练习用支架上，根据自己的身高和习惯调整好试件的高度位置，让其处于最佳位置，以方便操作。

（1）打底焊

从6点后5 mm处开始引弧，焊条角度如图1—16所示，引弧后稍稍拉长电弧，以预热始焊点，然后向上顶送焊条，当看见孔板根部与钢管坡口边缘熔合形成熔孔时，稍稍拉长电弧用短弧做小幅锯齿形摆动，沿逆时针方向开始焊接，然后按顺时针方向焊完另外半圈，填充焊与盖面焊焊接顺序一样。打底层焊接厚度最好控制在3 mm左右。

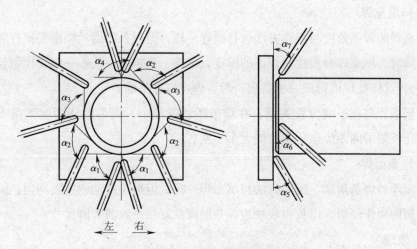

图1—16 全位置焊时的焊条角度

$\alpha_1 = 80° \sim 85°$ $\alpha_2 = 100° \sim 105°$ $\alpha_3 = 100° \sim 110°$

$\alpha_4 = 120°$ $\alpha_5 = 30°$ $\alpha_6 = 45°$ $\alpha_7 = 35°$

由于钢管与孔板的板厚相差较大，所以焊接热量应向孔板倾斜，即电弧在孔板上应稍作停留，以保证孔板熔合良好，防止孔板侧出现未熔合现象。

在仰焊位置焊接时，焊条向焊件中心顶送强度要大一些，运条的间距要均匀，摆动与运条幅度要小，幅度和间距过大会使焊缝背部产生咬边和内凹。

在立焊位置焊接时，焊条的顶送强度要比仰焊强度低，平焊位置更小，以防止熔化金属由于重力作用下坠而在背部形成焊瘤和成型不良。

收弧时要将电弧向焊接反方向回焊10 mm左右，慢慢拉长电弧并熄弧，以防止出现弧坑缩孔。

焊接完一根焊条后，从连接板点焊反方向敲除1点半处连接板。

接头采用热接法或冷接法。热接法动作要快，要趁熔池处于红热状态时在熔池前方10 mm处引弧，焊条稍作摆动，填满弧坑，焊条向坡口内侧顶送，稍作停留，当听到击穿坡口声，形成新的熔孔时，再开始正常焊接。采用冷接法时，在施焊前先将焊渣清理干净，必要时应用角磨机将焊道磨成缓坡状，然后按热接法的引弧位置及操作方法进行焊接。

焊接至0点处结束半圈焊接。清理干净6点处焊接熔渣及飞溅物，必要时将该处接头打磨成缓坡状，对于成型不良可用角磨机打磨。

开始另外半圈的焊接。

接头按前面所述的冷接头法开始焊接，其余操作要点与上半圈相同。

封闭接头时一定要在0点处重叠10 mm左右，以形成良好的接头。

（2）填充焊

填充焊的焊条角度与操作方法与打底焊一样，但焊条的摆动幅度要比打底焊大一些；同时，填充焊时要注意焊道的厚度，钢管一侧填满，孔板一侧要比钢管侧宽出2 mm，这样使焊道形成一个斜面，为盖面焊打好基础。

由于钢管与孔板的位置关系，在焊条摆动过程中，锯齿的间距应该是不一样的，在孔板侧的间距应该比钢管侧大1/3左右。

（3）盖面焊

盖面焊的焊条角度、操作方法与填充焊一样，但焊条摆动幅度要均匀，同时焊条要在两侧稍作停留，以免出现咬边，并形成良好且一致的焊脚尺寸。

3. 清理

焊接完成后对焊缝区域进行彻底清理，要求对焊接附着物（如焊渣、飞溅物等）彻底清除干净，必要时可用扁铲等工具清理大的飞溅物，但是要注意不能留下扁铲剔过的痕迹。清理之前，焊件要经自然冷却，未经允许，不可将焊件放在水中冷却。清理过程中要注意安全，防止烫伤、砸伤以及异物入眼。

三、注意事项

1. 点焊的位置

点焊的目的是固定好工件的相对位置，使其在焊接过程中不会变形而且对焊接过程的实施影响最小。所以，对于尺寸较小的试件可以只点焊一点或两点（只适用于点焊后马上焊接），而起焊点本身也是点焊点。

2. 点焊电流可比正常焊接稍大

当工件较小时，散热不好，所以在焊接时所用电流较小，而在点焊时试件本身温度低，而且焊接时间短，所以一般点焊电流都比正常焊接电流大10%。

3. 点焊完后的角度

点焊完成后，管板之间的角度应该为90°±0.5°。

4. 直接点焊法的操作

当采用直接点焊法时，在点焊连接板的地方直接焊接，焊接长度为5～10 mm，厚度不超过3 mm，焊道两端应呈缓坡状（必要时可通过打磨达到），焊接要求应与正式焊道一样（点焊后直接焊接，可以只点焊两点，如果点焊后放置一段时间后焊接则须点焊三点）。焊接从点焊点始焊的焊接方法与冷接法一样，焊接过程中焊道需要经过点焊焊道的，则无须熄弧，快速焊过即可。

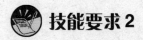

技能要求2

插入式管板水平固定全位置焊接

插入式管板水平固定全位置焊接的接头形式如图1—2所示，常用的是图1—2a的形式。焊接时的固定方式按图1—1c执行。

一、操作准备

1. 材料准备

（1）孔板

材质为Q235A钢，板厚$\delta = 10$ mm，尺寸为150 mm×150 mm（在板中间经机械加工出ϕ61 mm的孔）。

（2）钢管

材质为20钢，规格为ϕ60 mm×5 mm，$L = 100$ mm（见图1—17）。

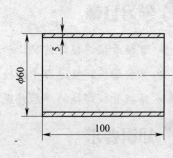

图1—17 钢管

（3）连接钢板

材质为Q235A钢，板厚$\delta = 6$ mm，尺寸为40 mm×60 mm，两件。

（4）焊条

E4315型，ϕ3.2 mm。

2. 设备准备

ZX7—400型电焊机、ϕ125 mm角磨机、（指形）磨头磨光机。

3. 工具准备

敲渣锤、锤子、90°角尺、钢丝刷、锉刀、钳形电流表。

4. 劳动保护用品

工作服、焊工皮手套、护脚套、面罩。

二、操作步骤

1. 组对

将孔板与钢管按本学习单元"技能要求1"中的要求打磨好，按图1—2a的形式组对好，其中$A = 5$ mm。采取直接点焊法进行点焊。

2. 固定

按"技能要求 1"中的方式将焊件固定好。

3. 焊接

焊接采用一层一道方式布置，焊条直径与焊接电流的推荐值见表 1—8。

表 1—8 焊条直径与焊接电流的推荐值

焊接层次	焊条直径/mm	焊接电流/A
1	3.2	110~130

 学习单元 2 管板插入式或骑座式焊接的检验方法

 学习目标

➢ 掌握管板焊接焊前的检验内容。

➢ 掌握管板焊接过程中的检验内容。

➢ 掌握管板焊接的焊后外观、内部质量检验内容。

 知识要求

一、管板焊接焊前的检验内容

管板焊接焊前的检验内容主要有焊接所用工具、器具检验和工件的检验，特别是焊接工件的坡口质量与装配质量直接关系到焊接质量。

1. 钢管坡口角度及钝边

要求 $45°{}^{+5°}_{-0°}$ 检验时可采用万能角度尺或焊缝检验尺，也可采用钢直尺检验法，如图 1—18 所示，所依据的判断公式为：

$$A = S\tan\alpha$$

式中　A——测量值，mm；

　　　S——钢管壁厚，mm；

　　　α——坡口角度，(°)。

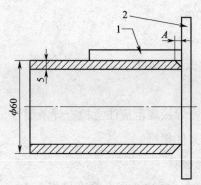

图 1—18　钢直尺检验法（A 为钢直尺读数）

1—钢直尺　2—钢直尺或平板

钝边要求为 0 ~ 1.5 mm。

2. 钢管坡口面与中心轴垂直度

要求在钢管 100 mm 长度内相对于坡口面倾斜度误差为 ±1 mm。

为保证良好的焊接质量，在以上要求没有达到的情况下允许通过角磨机修磨达到。

3. 孔板加工质量检验

内孔直径为（50 ±0.5）mm ±0.5 mm，孔中心位置偏差为 ±1 mm，或按图样要求。

4. 打磨质量检验

要求焊接区域外部 20 mm、内部 10 mm 范围内打磨至见金属光泽，且无油污等影响焊接质量的污物。

5. 装配质量的检验

装配间隙为 2.5 ~ 3.2 mm，检验方法为用 $\phi2.5$ mm 的焊条可插入，而 $\phi3.2$ mm 的焊条不能插入为合格。钢管装配后垂直度误差为 ±0.5°，检验方法可用 90°角尺检验，在底边与孔板重合时，钢管 100 mm 处间隙小于 1 mm 为合格。

以上检验项目在不合格情况下，允许修整合格后进入下道工序。

二、管板焊接过程中的检验内容

1. 焊接环境的检验

焊接环境对焊接质量有很大影响。焊接环境包括温度、相对湿度，在室外还有天气、风速等。当然对于焊条电弧焊来说，根据国家标准《压力容器》（GB 150—2011）的规定，有下列情况之一，无有效保护措施时，禁止施焊。

（1）雨雪天气。

（2）相对湿度大于90%。

（3）风速大于10 m/s。

（4）对于碳钢，气温低于-20℃。

2. 焊接参数

对于焊条电弧焊而言，焊接规范应注意检查焊条型号、电源种类以及极性、焊接电流等是否与焊接工艺文件相符。

3. 焊接过程施焊情况检验

（1）进行打底层焊接时，要注意焊道厚度最好为3 mm；否则，对于下一焊道将增加焊接难度，导致最终成型不良。

（2）进行填充层焊接时，更要注意焊道的成型情况。（以骑座式坡口管板焊接为例）此时焊道在钢管一侧填满，孔板一侧要比钢管侧宽出2 mm，从而使焊道形成一个斜面，以利于盖面层施焊。

（3）进行盖面层焊接时，要注意孔板与钢管两侧焊脚尺寸大小要合适，基本相等。

（4）如果在厚度方面施焊情况不理想，当差别不是太大时，下一层在焊接到出现问题的地方时就应该特别注意，如果过高，可以快速焊过；而如果焊道过低，则应注意适当减小焊接速度，以填充好。如果差别过大，就应打磨或补焊后焊接。

（5）对于每一层焊接后都应仔细检查焊道表面成型情况，对于出现的表面缺陷应仔细鉴别。在焊接中一般易出现未熔合、夹渣、焊瘤等缺陷，对于未熔合要先补焊；对于夹渣，要先将缺陷彻底打磨掉再补焊；对于焊瘤应打磨除去。只有将缺陷清除后，方可焊接下层焊道。

三、管板焊接完成后的检验内容

1. 焊缝外观质量的检验

（1）检查孔板焊完后的垂直度，看是否符合要求，一般要求达到±0.5°。

（2）检查焊缝外观是否有咬边、焊瘤、气孔、裂纹等影响外观质量的缺陷。

（3）检查焊接接头是否平整，要求不得高出整体表面3 mm，不得低于整体表面1 mm。

（4）检查焊脚尺寸是否符合要求。检查两焊脚尺寸偏差是否符合要求，一般要求最大、最小值之差不大于3 mm。

（5）检查焊道背部成型情况，要求焊道背部无凹陷、未熔透、焊瘤等缺陷。

（6）对孔板内部做通球试验，一般用钢管内径 75% ~ 85% 的球做试验，通过为合格。

2. 焊缝内部质量的检验

一般将管板纵向剖切 3 ~ 4 等份，观察切面有无气孔、夹渣、裂纹等缺陷。根据要求确定是否做着色试验。

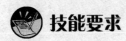 **技能要求**

管板插入式或骑座式焊接检验

焊接完成后，就要进入检验程序。在将工件焊完，等工件冷却后（对于低碳钢工件在练习时为提高效率，可用水冷却），要彻底清理工件上的飞溅物、焊渣等不良物，在清理过程中注意不要用去除材料方式清理焊道，要保持焊道的原始状态。

一、操作准备

1. 工具准备

敲渣锤、锤子、90°角尺、钢丝刷、扁铲、焊缝检验尺、手电筒、油性记号笔、5 倍放大镜。

2. 劳动保护用品

工作服、手套、护脚套、防护眼镜等。

二、操作步骤

对于焊前检验、焊中检验项目由焊工在工作实施过程中按知识要求进行实时检验。下面主要介绍焊接完成后的检验。

1. 外观检验

焊缝目视检验项目见表 1—9。

表 1—9　　　　　　　　　　焊缝目视检验项目

检验项目	检验部位	质量要求	备注
清理质量	焊接区域	无飞溅物、焊渣及其他附着物	
几何形状	焊缝与母材过渡处	焊缝完整、圆滑过渡	焊缝检验尺
	接头处	焊缝高低、宽窄及焊缝纹理	

续表

检验项目	检验部位	质量要求	备注
焊接缺陷	焊缝外表	无裂纹、夹渣、焊瘤、烧穿，气孔、咬边符合规定	重点接头处
其他	焊接区域	无划伤、引弧擦伤	

2. 尺寸检验

尺寸检验用焊缝检验尺检查焊脚尺寸，判断是否合格。

3. 内在质量的检验

将管板纵向剖切3~4等份，观察切面有无气孔、夹渣、裂纹等缺陷，根据要求确定是否做着色试验［按机械行业标准《渗透检测》（JB/T4730.4—2005）执行］。

4. 对检验结果的处理

根据考试标准和要求进行评判。对于符合项目，总结经验，继续保持；对于不符合项目，反思操作过程，提出改正措施，进行验证，加以改进。

第2节　厚度大于等于6 mm 低碳钢板或低合金钢板的对接立焊单面焊双面成型

 学习单元1　厚度大于等于6 mm 低碳钢板或低合金钢板的对接立焊单面焊双面成型焊接

 学习目标

➤ 钢板对接立焊焊条电弧焊引弧、收弧、焊接操作和定位焊的相关知识。

➤ 钢板对接立焊焊条电弧焊安全操作规程。

➤ 钢板对接立焊焊接变形的基本知识。

➤ 钢板对接立焊焊条电弧焊焊接参数的选择。

➤ 钢板对接立焊焊条电弧焊的基本操作方法。

 知识要求

一、对接立焊坡口的制备

坡口的制备优先考虑机械加工、自动及半自动加工、手工加工。这里主要采用刨床加工或半自动火焰切割。

二、反变形的基本知识

1. 反变形的原理

反变形就是根据焊件的变形规律，焊前预先将焊件向着与焊接变形相反的方向进行人为的变形（反变形量与焊接变形量相等），使之达到抵消焊接变形的目的，主要用于控制角变形和弯曲变形。在运用此方法时，必须准确地估计焊后可能产生的变形方向和大小，并根据焊件的结构特点和生产条件灵活运用。

2. 反变形的方法

首先根据焊件的结构与焊接情况判断其焊后将要产生的变形大小与方向，结合结构的质量要求情况，设定反变形的方向与大小。对于 V 形坡口单面对接焊采用的反变形法如图 1—19 所示。

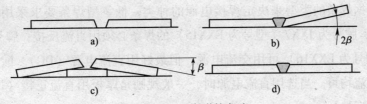

图 1—19　反变形的方法

a)、b) 不采用反变形，变形角度为 2β　c)、d) 采用反变形角度 β，焊后平整

对于小的工件或者考试试件，可采用平板按图 1—19a 所示组对点焊好后，将试件拿起，反方向敲击，达到反变形要求即可。

三、组装点焊方法

组对点焊方法从点焊形式上来分，有直接点焊法和间接点焊法。直接点焊法从点焊位置来分，又分为焊缝直接点焊和焊缝背部直接点焊；间接点焊法从点焊附件的形式来分，又分为引弧板点焊法、收弧板点焊法和工艺连接板点焊法（有的工厂直接称呼工艺板为"马"板），如图 1—20 所示。

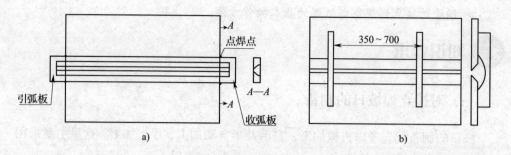

图1—20 间接点焊法

a) 引（收）弧板点焊法 b) 工艺连接板点焊法

一般来说，对于较小的焊接试件，试件翻转容易，采用焊缝背部直接点焊法较多；对于实际生产中比较大的工件，采用焊缝直接点焊法或间接点焊法较多；特别是实际生产中对于焊缝要求较高或者焊缝本身有工艺试件（焊接试板）要求时，采用引（收）弧板间接点焊法较多。

四、焊接参数的选择

焊条电弧焊的焊接参数包括焊条种类、牌号和直径，焊接电流的种类、极性和大小，电弧电压，焊接速度以及焊接层次等。选择合适的焊接参数，对焊接质量和生产效率的提高十分重要。

1. 焊接电源与极性

通常根据焊条的类型来决定焊接电源的种类，低氢型焊条要求采用直流反接（DC. RP），牌号为JXX7（型号为EXX15）的焊条必须用直流反接；牌号为JXX6的焊条（型号为EXX16）可用交流电源，但最好用直流电源（DC）。酸性焊条采用交流或直流均可。当选用直流电源时，一般规则是厚板用直流正接（DC. SP），薄板用直流反接。

2. 焊接材料（焊条）

关于焊条的使用在《焊工（初级）》以及上节都已经讲过。实际生产中主要根据母材的性能、焊接接头的要求和工作条件来选择焊条以及焊接电源种类、极性，焊接一般低碳钢和低合金钢主要是按强度相等原则选择焊条的强度级别，一般结构选择酸性焊条，重要结构选择低氢碱性焊条。实际生产中要遵守工艺文件、图样要求和技术文件等。

3. 焊接电流

对于焊条电弧焊来说，焊接电流是最重要的焊接参数，因为在焊条电弧焊中，只有焊接电流是焊工需要调节的，而电弧电压与焊接速度都是由操作来控制的。

焊接电流越大，熔深越大（焊缝宽度和余高变化不明显）。电流过大，飞溅和焊接烟尘大，容易产生咬边、焊瘤、烧穿等缺陷；电流过小，电弧不稳，焊缝窄而浅，熔合不好，易产生夹渣、未焊透等缺陷。

选择焊接电流时，主要考虑焊条直径、焊接位置、焊道层次。一般焊条直径与焊接电流的关系可参见表1—10。

表1—10   焊条直径与焊接电流的关系

焊条直径/mm	1.6	2.0	2.5	3.2	4.0	5.0
焊接电流/A	25~40	40~65	50~80	90~130	140~180	200~270

焊接位置与焊接电流的关系是：一般情况下，平焊位置可选择偏大些的焊接电流，横焊、立焊、仰焊位置比平焊位置小 10%~20%。板厚大的焊接电流选用较大值。

焊接层次与电流的关系是：通常情况下，打底焊特别是单面焊双面成型时，焊接电流较小，以方便控制熔池和背部成型；填充焊时，为使熔合良好，通常采用较大的焊接电流；盖面焊时，为防止咬边以及获得良好成型，所用电流一般较小。

实际操作中，焊接电流的确定应注意两点，一是需要按照焊接工艺文件规定的电流范围通过在试板上试焊来确定；二是通过在实际操作中积累经验，在焊接工艺文件规定的电流范围内选择合适的焊接电流。

4. 焊接层数（焊接道数）

在厚板焊接时必须采用多层多道焊接，这样做的目的是前一道焊道对后一道焊道有预热作用，而后一焊道对前一焊道有热处理作用（相当于正火、退火），有利于提高焊缝金属的塑性和韧性。同时，应注意在焊接过程中每层焊道厚度应不大于 5 mm。

五、钢板对接立焊焊条电弧焊的基本操作方法

1. 焊接特点

（1）熔化金属在重力作用下易下淌，从而出现焊瘤、咬边、夹渣等缺陷，焊缝成型不良。

（2）焊接过程相对难操作，生产效率比平焊低。

（3）焊接时宜采用短弧焊接。

（4）熔池金属与熔渣易分离。熔化金属在重力作用下易下淌，好焊透，焊缝内部质量易于控制。

2. 操作要点

（1）保持正确的焊条角度。

（2）选用直径较小的焊条，采用小电流短弧焊接。

（3）采用正确的运条方法。第一层选用挑弧法或摆幅不大的月牙形、三角形运条焊接，其他各层采用月牙形或锯齿形运条方法。

六、钢板对接立焊焊条电弧焊安全操作规程

进行钢板对接立焊时，其安全操作规程除了应遵守《焊工（初级）》里介绍的各种焊条电弧焊操作规程外，应特别注意敲渣时应做好防护，小心飞渣入眼或将人烫伤；在点固焊件时要可靠，防止在焊接过程中焊件脱落砸伤身体。

 技能要求1

厚度大于等于 6 mm 低碳钢板的对接立焊单面焊双面成型

一、操作准备

1. 材料准备

（1）钢板

Q235A 钢，12 mm×200 mm×250 mm。

（2）焊条

E4303 型，ϕ3.2 mm。

2. 设备

BX1—315 型焊机。

3. 工具

角磨机、敲渣锤、钢直尺、钢丝刷、感应式电流表等。

4. 劳动保护用品

防护眼镜、手套、工作服、防护皮鞋等。

二、操作步骤

1. 坡口的制备（火焰切割坡口）

利用半自动切割机将钢板 250 mm 长边缘切割出 30°坡口，然后将坡口侧20 mm

和背部 10 mm 范围内打磨出金属光泽，打磨出钝边 0～1.5 mm（断弧焊打底可选较小值，连弧焊可选较大值）。坡口的打磨如图 1—21 所示。

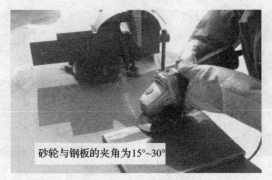

砂轮与钢板的夹角为15°～30°

图 1—21　坡口的打磨

打磨中的安全注意事项如下：

（1）防护用具，特别是防护眼镜、手套要佩戴整齐，防止飞砂入眼。

（2）连接砂轮前要检查电源的安全性，安全性要由专业电工来确认。

（3）打磨前即将通电时，应先一只手拿住砂轮，然后打开开关。

（4）打磨过程中，砂轮的飞砂方向禁止指向人或其他设备，包括电线。

（5）打磨结束或中途停止时应先关闭开关，并等砂轮完全停止后方可放下。

2．组装与点焊

（1）打磨

将打磨好的钢板放置在平台（或平整钢板）上，坡口背部向上，如图 1—22 所示，用钢直尺检查两块钢板的错边量，应小于 1 mm。

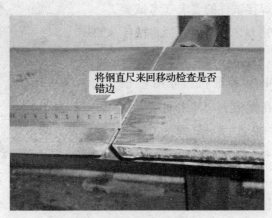

将钢直尺来回移动检查是否错边

图 1—22　检查是否错边

（2）调整间隙

保证上端间隙为 4 mm，下端间隙为 3 mm，具体做法可以采用如图 1—23 所示的简便方式：上端采用 φ4 mm 焊条，下端用 φ3.2 mm 焊条来调整。与此同时应保证钢板平整，即错边量在允许范围（±1 mm）之内。

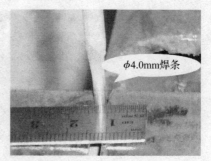

图 1—23　调整间隙

（3）点焊（采用坡口内或焊缝背部直接点焊法）

采用表 1—11 所列的焊接参数进行点焊。

表 1—11　　　　　　　　　　焊条直径与焊接电流

焊接层次	焊条直径/mm	焊接电流/A
点焊	3.2	85~95
打底层		80~90
填充层	4.0	150~170
盖面层		140~160

点焊焊缝长度为 8~15 mm，确保焊缝表面无裂纹、夹渣等不良缺陷。

（4）反变形量的设置

根据经验以及焊接试件的要求（考试要求焊件焊完后其变形量不大于3°），将试件坡口向下轻轻敲击，一边敲击一边检验，检验可按如图 1—24 所示进行。可用一根 φ4 mm 的焊条横放在钢板上，其中间最大弦高为 3.2 mm（即一根 φ3.2 mm 焊条正好可以插进去）即为合格。

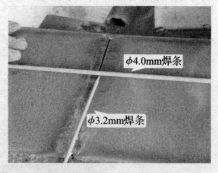

图 1—24　反变形量的检验

（5）清理

用钢丝刷、扁铲清理干净点焊区域的飞溅物及焊渣。

（6）注意事项

1）电焊机使用前要经专业电工检查确认是安全的。

2）取放钢板要轻拿轻放，小心砸伤。

3）点焊时要注意戴好防护面罩，小心电弧伤眼。

4）焊后敲渣时要做好防护，以防止烫伤及飞渣入眼。

3. 焊接

（1）工件的固定

1）将试件在焊接支架（见图1—7）立焊位置放好后，以一只手扶住试件，另一只手拿上夹好焊条的焊钳把对准上点焊位置，将试件固定在平台上。注意试件间隙为4.0 mm的一端要在上面，而且要保证试件铅垂度误差小于±3°。

2）调整试件高度，让试件处于最合适焊接的位置。

3）只能点焊试件一侧，不可点焊试件两侧，否则，焊接完成后取下困难。

4）一般点焊焊缝长度为8～10 mm。

5）点焊过程中应注意安全，防止试件砸伤手脚，在焊接完成前不能取下。

（2）打底焊（以断弧法讲解）

立焊焊接时，熔渣的熔点低、流动性强，熔池金属和熔渣易分离，会造成熔池部分脱离熔渣的保护。若操作或运条角度不当，容易产生气孔。因此，立焊时要控制焊条的角度并进行短弧焊接，始终保证焊条与钢板面成90°角，正常焊接时焊条与焊缝夹角为60°～70°，接头时与焊缝夹角为70°～80°，焊条角度如图1—25所示。

正常焊接时为60°～70°
接头时为70°～80°
焊接结束时为30°～40°

图1—25　打底焊时焊条角度

开始焊接时，在试件下端定位焊缝上端5～10 mm处引弧，并迅速向下拉到定位焊缝上，预热1～2 s后，开始摆动并向上运动，到达定位焊缝上端时，稍加大运条角度，并向前送焊条压低电弧，当听到击穿声形成熔孔后，做锯齿形摆动，每摆动一个来回，将电弧拉长熄灭，以断弧方式焊接。

在焊接过程中，应使焊接电弧1/3对着坡口间隙，2/3覆盖在熔池上，形成熔孔。

在焊接过程中，电弧要在两侧坡口面上稍作停留，以保证焊缝与母材熔合良好。立焊时熔孔可比平焊时稍大，熔池表面呈水平椭圆形，此时焊条末端离焊件背面1.5~2 mm，大约有一半的电弧在试件间隙后面燃烧。

当一根焊条焊完时，应将电弧向左或向右下方拉回10~15 mm，并将电弧迅速拉长直至熄灭，以免在弧坑处出现缩孔，并使冷却后的熔池形成缓坡，以利于接头。在接头前应用敲渣锤、钢丝刷将焊渣清理干净。在熔池上方约10 mm处的坡口一侧面上引弧，此时焊条的角度应比正常焊接时大10°左右。电弧引燃后立即拉到原来弧坑上进行预热，然后稍作摆动向上施焊，并逐渐压低电弧（减小电弧长度）移至熔孔处，将焊条向背面压送，并稍作停留，填满弧坑，当听到击穿声形成新的熔孔时，再进行摆动向上正常施焊，同时恢复正常的焊接角度。

焊接快结束时，为防止背面余高过大，可使焊条角度减小为30°~40°。

打底焊要求：焊层厚度小于等于4 mm，以利于下层焊道的焊接。焊接要求采取三层三道焊，焊道布置如图1—26所示。

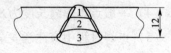

图1—26　焊道布置

（3）填充焊

进行完打底层焊接后要进行彻底清理，应特别注意清理起焊点、焊接接头处、焊缝与母材交接处。

焊接过程中采用月牙形或横向锯齿形运条方式，焊条角度与焊接打底层时相同，焊接过程中焊条摆动幅度要比打底焊时大，焊条摆动到坡口两侧要稍作停留，使熔池与坡口两侧充分熔合，排出焊渣，以防止在焊道两侧产生夹渣。

第二道填充层应比母材低1~1.5 mm，形成中间低的凹形焊道，以便在盖面层焊接时能看清坡口边缘，保证盖面焊的顺利进行。

焊接填充层时的引弧、焊接接头方法与打底层焊接相同。

（4）盖面焊

盖面层的清理与填充层要求一样。

焊接过程中采用月牙形或横向锯齿形运条方式，焊条角度与焊接填充层时相同，焊条摆动到坡口两侧要稍作停留，注意控制使坡口边缘的母材熔化1~2 mm，控制好弧长以及摆动幅度，以防止出现咬边现象。焊接速度要均匀，每一次摆动形成的新熔池应重合前一个熔池2/3~3/4，以形成良好的焊缝外观。

焊接盖面层时的引弧、焊接接头方法与填充层焊接相同。

4. 清理

焊接完成后对焊缝区域进行彻底清理，要求对焊接附着物（如焊渣、飞溅物等）彻底清除干净，必要时可用扁铲等工具清理大的飞溅物，但是要注意不能留下扁铲剔过的痕迹。清理之前，焊件要经自然冷却，非经允许，不可将焊件放在水中冷却。清理过程中要注意安全，防止烫伤、砸伤以及飞渣入眼。

三、注意事项

板 V 形坡口立焊易出现问题的原因及对策见表1—12。

表 1—12　　　　　板 V 形坡口立焊易出现问题的原因及对策

缺陷名称	产生原因	对　　策
焊接接头不良	1. 热接头时换焊条时间过长 2. 重新引弧开始焊接点不对	1. 应在熔池处于红热状态时接头 2. 在接头前 10 mm 左右引弧，热接头时拉至弧坑中间开始焊接，冷接头时应在弧坑中间预热 0.5～1 s 后开始正常焊接
背面焊瘤和未焊透	1. 运条不良 2. 电弧透过坡口侧过大 3. 熔孔尺寸过大产生焊瘤，熔孔尺寸过小出现未焊透现象	1. 掌握好运条角度 2. 注意电弧的位置 3. 掌握好熔孔尺寸
咬边	1. 盖面焊坡口两侧停留时间短 2. 运条角度不好	1. 注意坡口两侧熔化情况 2. 应特别注意焊条是否在钢板的垂直面上
焊缝外观成型不良	1. 运条角度不当 2. 向上运条速度不合适	1. 注意调整运条角度 2. 注意向上运条的节距

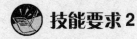 **技能要求2**

厚度大于等于 6 mm 低合金钢板（Q345）的对接立焊单面焊双面成型

低合金钢的焊接与低碳钢的焊接基本一样，下面将就不同之处进行简单介绍。

一、操作准备

1. 材料准备

（1）钢板

Q345 钢，12 mm×200 mm×250 mm。

（2）焊条

E5015，ϕ3.2 mm、ϕ4.0 mm。

2. 设备

ZX7—400 型焊机、RDL4—100 型自动远红外线焊条烘干箱、PR—1 型保温桶。

3. 工具

角磨机、敲渣锤、钢直尺、钢丝刷、感应式电流表等。

4. 劳动保护用品

防护眼镜、手套、工作服、防护皮鞋等。

二、操作步骤

1. 坡口的制备（火焰切割坡口）

参见本学习单元"技能要求1"。

2. 组装与点焊

焊接所用焊条需要按工艺要求或表1—13所列的烘干温度进行烘干，烘干后放入保温桶内随用随取。

表1—13　　　　　　　　　　　焊条烘干温度

焊条型号	母材	烘干温度/℃	保温时间/h
E5015	Q345 钢	350～400	1～2

电源极性采取直流反接（DC. RP），即工件接负极。具体参见本学习单元"技能要求1"。

3. 焊接

（1）工件的固定

参见本学习单元"技能要求1"。

（2）打底焊（以连弧焊法讲解）

连弧焊法与断弧焊法的区别在于连弧焊法在焊接过程中不用人为地熄灭电弧，一直短弧连续运条直至更换另一根焊条。由于此时熔池始终处于电弧连续燃烧的保护之下，液态金属和熔渣易于分离，气体也容易从熔池中析出，保护效果较好，故焊缝质量较高，特别是用碱性焊条焊接时常用。但连弧焊法对焊工的技能水平要求较高，特别是焊工对熔池以及电弧的控制能力要求较高，对焊接操作熟练性的掌握程度要求也较高。

连弧焊法除焊的运条方式与断弧焊法稍有不同外，其他如引弧方法、焊条角度、接头方法等都一样。连弧焊法的运条方法一般有上下运弧法和左右挑弧法两种。

1）上下运弧法。电弧向上运弧时，用以降低电弧温度，不拉断电弧，是为了观察熔孔的大小，为电弧向下运弧焊接做好准备，电弧向下运弧到根部熔孔时开始焊接。适用于坡口间隙较小的焊缝。

2）左右挑弧法。在焊接过程中将电弧左右挑起，用以分散热量，降低熔池温度，期间并不断弧，用以观察焊缝熔孔的大小情况，当电弧向下运弧到根部时开始焊接。电弧左右摆动向上做月牙形运条，适用于坡口间隙较大的焊缝。

收弧时一般采用回焊收弧法，即焊接电弧移至焊缝收尾处稍停，然后改变焊条角度回焊一小段后断弧。

（3）填充焊、盖面焊、清理

除收弧方法一般采用回焊收弧法外，其他与本学习单元"技能要求 1"相同。

学习单元 2　厚度大于等于 6 mm 低碳钢板或低合金钢板的对接立焊单面焊双面成型检验

学习目标

➤ 钢板对接立焊焊缝表面缺陷的知识。
➤ 厚度大于等于 6 mm 低碳钢板的对接立焊单面焊双面成型焊接检验的知识。
➤ 掌握低碳钢、普通低合金钢板的检验内容。

知识要求

一、钢板对接焊条电弧立焊的焊缝表面缺陷知识

1. 正面易出现的缺陷

焊瘤：焊缝金属由于受重力导致。

咬边：焊缝边缘由于补充液态金属不足，在凝固时导致。

焊缝外观成型不良：有的焊缝表面一边高一边低，有的甚至中间高两边低等，主要由于运条不良导致。

2. 背面易出现的缺陷

焊瘤：与正面一样，也是液态金属受重力所致。

烧穿：熔化金属自坡口背面流出，形成穿孔的缺陷。

凹陷：电弧没有有效击穿坡口，补充液态金属不足。

夹渣：运条动作不良，导致非金属渣被裹入液态金属，或接头时温度过低所致。

咬边：运条动作不良。

二、钢板对接立焊焊接准备的检验内容

焊接检验贯穿于焊接生产全过程，是保证焊接产品质量的重要措施，在焊接过程中，每道生产工序都必须进行质量检验，以及时消除工序中产生缺陷的可能性，从而节约时间、材料和人工成本，降低生产成本，保证焊接质量。

现代焊接工程管理思想认为"焊前准备得好，等于已经成功了一半"。从这里可以看出焊前准备工作的重要性以及检验的必要性。

1. 材料的检验

材料的检验包括母材的检验以及焊接材料和辅材的检验两部分。

（1）母材的检验

母材直接关系到焊接结构的质量与安全，是保证焊接结构质量的根本。母材应有质量证明书，并符合设计与有关标准规定要求，必要时应对其材料和性能进行复验，其结果应符合设计与有关标准规定要求。

（2）焊接材料和辅材的检验

焊接材料和辅材是保证焊接质量的基本条件，应有质量证明书，符合设计与有关标准规定要求，并按有关标准及要求进行有效管理与使用。

2. 设备的检验

设备的使用应符合该设备的技术条件以及安全规范，符合图样以及有关规定的适用范围，满足该项目的工艺要求。

3. 装配质量的检验

（1）放样、划线、下料质量的检验

根据图样以及相关标准要求进行检验。根据冶金行业标准《冶金设备制造通用技术条件 焊接件》（YB/T 036.11—1992）规定，表1—14所列为钢板剪切极限偏差，表1—15所列为火焰切割尺寸极限偏差，表1—16所示为气割表面质量。如图1—27所示为切割面平面度的检验。

表1—14 钢板剪切极限偏差 mm

剪切线长度	板 厚	
	≤8	9～12
	极限偏差	
≤100	±1.0	±1.0
>100～250	±1.0	±1.5
>250～1 000	±1.5	±1.5
>1 000	±2.0	±2.0

表1—15 火焰切割尺寸极限偏差 mm

切割厚度	基本尺寸范围			
	35～315	>315～1 000	>1 000～2 000	>2 000～4 000
3～50	±1.5	±2.5	±3.0	±3.5
>50～100	±2.5	±3.5	±4.0	±4.5

表1—16 气割表面质量 mm

项目　　　钢板厚度	<20	20～40	>40～63	>63～100
切割面平面度 u	<1.0	<1.4	<1.8	<2.2
割纹深度 h	<0.130	<0.155	<0.185	<0.250

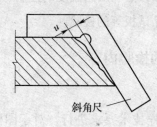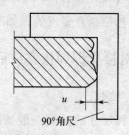

图1—27 切割面平面度的检验

（2）装配质量的检验

按图样要求以及相关工艺规程规定对装配间隙、错边量以及反变形角度等进行检验。特别要注意的是当定位焊作为正式焊道的一部分时，其质量检验应与正式焊道要求一样，如发现不良应先去除再焊接。

4. 其他

包括与焊接质量、过程有关以及其影响因素都应纳入检验工作之中，如焊接用工夹具、焊工用劳动保护用具、焊接母材、焊接材料及焊接设备的匹配等技术资料等。一些特殊产品的制造还规定对焊工资格项目、焊接工艺评定等方面技术资料准备进行检验。

三、钢板对接立焊焊接过程中的检验内容

1. 焊接环境检验

焊接环境对焊接质量有较大影响，如温度、湿度以及风速等环境因素。国家标准《压力容器》（GB 150—2011）中对焊接环境因素有详细规定，有的焊接方法本身也有相关要求，如气体保护焊对风速的要求等。

2. 过程检验

焊接过程检验主要包括焊接参数检验以及工艺过程实施监督检验。

（1）焊接参数检验

不同焊接方法对焊接参数的监督检验项目要求不一样。如焊条电弧焊对焊接参数要求不严，一般只规定焊接层数以及各层所用焊条型号、直径、电源极性等。

（2）工艺过程实施监督检验

工艺过程实施监督检验主要针对各层的焊接厚度、成型质量、缺陷的清理等进行检验。焊接过程中焊工应严格遵守焊接工艺规程，不得自由施焊以及在焊道以外的地方引弧等。

3. 其他

对于某些材料的焊接有特殊要求，如预热、层间温度的控制、后热要求等的检验；有的是对工艺控制有要求的，如产品试板等的检验。

四、钢板对接立焊焊接完成后的检验内容

1. 几何尺寸检验

焊接结构几何尺寸的检验一般按图样技术要求进行，对于图样没有明确要求的，应按产品以及行业的有关标准进行检验。如 YB/T 036.11—1992《冶金设备制造通用技术条件 焊接件》规定，长度尺寸极限偏差见表1—17，角度极限偏差见表1—18，几何公差见表1—19。

2. 外观检验

焊缝的外观检验一般采用目视检验，可采用灯光、低倍放大镜，以提高发现缺陷和分辨、判断缺陷的能力。对目视不能接近的焊缝可采用望远镜、内孔管道镜、反光镜等进行观察，但所借助的设备、仪器必须与眼睛直接目视具有相同的效果。焊缝目视检验项目见表1—20。

表 1—17 长度尺寸极限偏差　　　mm

精度等级 \ 基本尺寸 偏差	>30 ~120	>120 ~315	>315 ~1 000	>1 000 ~2 000	>2 000 ~4 000	>4 000 ~8 000	>8 000 ~12 000	>12 000 ~16 000	>16 000 ~20 000	>20 000
A	±1	±1	±2	±3	±4	±5	±6	±7	±8	±9
B	±2	±2	±3	±4	±6	±6	±10	±12	±14	±16
C	±4	±4	±6	±8	±11	±14	±18	±21	±24	±7

表 1—18 角度极限偏差

精度等级 \ 基本尺寸 偏差	短边长度 L（mm）					
	≤315	>315~1 000	>1 000	≤315	>315~1 000	>1 000
	$\Delta\alpha/$（°）			$f/\text{mm/m}$		
A	±20′	±15′	±10′	±6	±4.5	±3
B	±45′	±30′	±20′	±13	±9	±6
C	±1°	±45′	±30′	±18	±13	±9

表 1—19 几何公差　　　mm

精度等级 \ 基本尺寸 公差	>30 ~120	>120 ~315	>315 ~1 000	>1 000 ~2 000	>2 000 ~4 000	>4 000 ~8 000	>8 000 ~12 000	>12 000 ~16 000	>16 000 ~20 000	>20 000
E	0.5	1	1.5	2	3	4	5	6	7	8
F	1	1.5	3	4.5	6	8	10	12	14	14
G	1.5	3	5.5	9	11	16	20	22	25	25

表 1—20 焊缝目视检验项目

检验项目	检验部位	质量要求	备注
清理质量	焊缝区域	无焊渣、飞溅物及其他附着物	
几何形状	焊缝与母材连接处	无漏焊、连接圆滑	用焊缝检验尺测量
	焊缝形状	焊缝高低、宽窄和波纹均匀	
缺陷	焊缝区域	无裂纹、夹渣、焊瘤、烧穿等缺陷	
	重点检验接头处、几何形状突变处	气孔、咬边符合规定	
补焊	连接板拆除部位	无缺肉、焊疤	
	母材、引弧部位	无表面气孔、裂纹、夹渣等	
	母材机械划伤	无明显棱角、沟槽，划伤不超过有关规定	

必要时，可用磁粉探伤（MT）、渗透探伤按机械行业标准《磁粉检测》（JB/T 4730.4—2005）和《渗透检测》（JB/T 4730.5—2005）进行检验及判断。

对于钢管要做通球试验，要根据图样及产品要求、行业或国家标准进行判断。

3. 内在质量检验

内在质量的检验一般分为无损探伤检验和破坏性检验。

（1）无损探伤检验

无损探伤（NDT）检验常用的有超声波探伤（UT）、射线探伤（RT）、渗透探伤和磁粉探伤等。NDT检验可采用JB/T 4730.2—2005和JB/T 4730.3—2005标准进行检验，并按图样技术要求、行业或国家标准进行判断。按《特种设备焊接操作人员考核细则》进行检验时，试件的射线透照应按机械行业标准《承压设备无损检测》（JB/T 4730—2005）进行检测，射线检测技术不低于AB级，焊缝质量等级不低于Ⅱ级为合格。

（2）破坏性检验

破坏性检验主要是力学性能检验，可按照NB/T 47016—2011《承压设备产品焊接试件的力学性能检验》来进行。

4. 其他

对于储存液体或气体的环境容器等产品还要做致密性试验、压力试验等。可按国家标准《钢制压力容器》（GB 150—2011）执行。

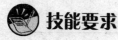 **技能要求**

钢板对接焊条电弧焊焊接检验

焊接完成之后，就要进入检验程序。将工件焊完并冷却后，要彻底清理工件上飞溅物、焊渣等不良物，在清理过程中注意不要对焊道用去除材料的方式进行清理，要保持焊道的原始状态。

一、操作准备

焊前检验和焊中检验项目由焊工在工作实施过程中按操作程序进行实时检验。焊接完成后的检验主要是焊工自检合格后，一般由专业检验人员来完成。

1. 工具准备

敲渣锤、锤子、90°角尺、钢丝刷、扁铲、焊缝检验尺、手电筒、油性记号笔、

5 倍放大镜等。

2. 劳动保护用品

工作服、手套、护脚套等。

二、操作步骤

1. 外观检验

外观检验的项目见表1—20。

2. 尺寸检验

用焊缝检验尺检查焊缝尺寸，判断是否合格。

焊缝边线直线度误差f：手工焊$f \leqslant 2$ mm；机械化焊$f \leqslant 3$ mm。

焊缝宽度与坡口宽度之差小于等于3 mm，且不得有未熔合现象。

3. 内在质量的检验

将钢板横向剖切3~4等份，观察切面有无气孔、夹渣、裂纹等，根据要求确定是否做着色试验。根据要求确定是否做无损探伤检查，如果有要求，可按上知识点进行检查。

4. 变形

板材试件焊后变形角度$\theta \leqslant 3°$，试件的错边量不得大于$10\%\delta$（δ为工件厚度），且小于等于2 mm。

5. 对检验结果的处理

根据考试标准和要求进行评判。对于符合项目，总结经验，继续保持；对于不符合项目，反思操作过程，提出改正措施，进行验证，加以改进。

第 3 节　厚度大于等于 6 mm 低碳钢板或低合金钢板的对接横焊单面焊双面成型

🌀 学习目标

➤ 低碳钢和低合金钢的焊接性分析。

➤ 厚度大于等于 6 mm 低碳钢板或低合金钢板对接横焊的坡口选择原则。

➤ 厚度大于等于 6 mm 低碳钢板或低合金钢板对接横焊焊接应力与焊接变形的

影响因素及控制措施。

➤ 厚度大于等于6 mm低碳钢板或低合金钢板对接横焊的操作要领。

➤ 厚度大于等于6 mm低碳钢板或低合金钢板对接横焊焊接接头质量检查的基本知识。

 知识要求

一、低碳钢、低合金钢的焊接性分析

1. 金属焊接性的概念

金属焊接性是指材料在限定的施工条件下焊接成达到规定设计要求的构件，并满足预定服役要求的能力。焊接性受材料、焊接方法、构件类型及使用要求四个因素的影响。焊接性可分为工艺焊接性和使用焊接性。

（1）工艺焊接性

工艺焊接性是指金属材料对各种焊接方法的适应能力，即指在一定的焊接工艺条件下能否获得优质、无缺陷的焊接接头的能力。该性能随着焊接方法、焊接材料和工艺措施的发展而变化，有些原来不能焊接或不易焊接的金属材料可能会变得能够焊接或易于焊接。

（2）使用焊接性

使用焊接性是指焊接接头或整体结构满足技术条件中所规定的使用性能的能力。使用性能与产品的工作条件有密切关系。

2. 金属焊接性分析

评价金属焊接性的试验方法有很多，大体上可分为直接试验和间接试验两种类型。这里介绍一种常用的间接试验方法——碳当量法，就是将包括碳在内的其他合金元素对硬化（如碳化和冷裂等）的影响折合成碳的影响。下面介绍的是国际焊接学会推荐的 CE（IIW）和日本焊接协会的 Ceq（JIS）两个公式：

$$CE（IIW）= w_C + w_{Mn}/6 + （w_{Cr} + w_{Mo} + w_V）/5 + （w_{Ni} + w_{Cu}）/15$$

$$Ceq（JIS）= w_C + w_{Mn}/6 + w_{Si}/24 + w_{Ni}/40 + w_{Cr}/5 + w_{Mo}/4 + w_V/14$$

CE（IIW）主要用于中等强度的非调质低合金钢（$R_m = 400 \sim 700$ MPa）；Ceq（JIS）主要用于强度级别较高的低合金高强度结构钢（$R_m = 500 \sim 1\,000$ MPa）及调质与非调质钢。但以上两个公式均适用于 $w_C > 0.18\%$ 的钢种，$w_C < 0.17\%$ 时不适用。对于焊接冷裂纹，碳当量值越大，被焊材料淬硬倾向越大，冷裂纹敏感性也越大。经验指出：碳当量小于0.4%时，钢材的焊接性优良，淬硬倾向不明显，焊接

时不必预热；碳当量为 0.4% ~ 0.6% 时，钢材的淬硬倾向逐渐明显，需要采取适当的预热和控制热输入等措施；碳当量大于 0.6% 时，淬硬倾向强，属于较难焊接的材料，需要采取较高的预热温度和严格的工艺措施。

二、厚度大于等于 6 mm 低碳钢板或低合金钢板对接横焊的坡口选择原则以及焊接应力与焊接变形的影响因素和控制措施

坡口选择原则中有一条很重要的原则就是为减小焊接变形应力与焊接变形，应选择焊接金属填充量最小的坡口形式。在对接横焊中为减小焊接变形应力与焊接变形，还经常采用的方法是反变形法和刚性固定法。

三、厚度大于等于 6 mm 低碳钢板或低合金钢板对接横焊的操作要领

1. 组装点焊方法

单边 V 形坡口（以 12 mm 为例）钢板对接横焊装配尺寸见表 1—21。

表 1—21　　　　　单边 V 形坡口（12 mm）钢板对接横焊装配尺寸

坡口角度/（°）	装配间隙/mm	钝边/mm	反变形/（°）	错边量/mm
60	始焊端 3.0 终焊端 4.0	0 ~ 1.5	3 ~ 5	≤1

2. 焊接参数

（1）焊接材料（焊条）

根据焊条的一般选用原则，采取等强法选择焊条的强度等级，根据结构的要求以及有关技术文件选择焊条的种类。以 400 MPa 级别的低碳钢为例，一般结构件选用 E5003（J502）型焊条，较重要件选用 E5016（J506）或 E5015（J507）型焊条。

（2）焊接电源与极性

JXX2 型焊条可选交流电源，JXX6 型焊条可选交流或直流，JXX7 型焊条必须选直流反接。

（3）焊接电流

单边 V 形坡口（以 12 mm 为例）钢板对接横焊焊接电流见表 1—22。

表 1—22　　　　　单边 V 形坡口（12 mm）钢板对接横焊焊接电流

焊接层次	焊条直径/mm	焊接电流/A
打底层	2.5	60 ~ 75
填充层	3.2	150 ~ 160
盖面层	3.2	130 ~ 140

（4）焊接层数（焊接道数）

焊道采取四层八道布置，如图 1—28 所示。

四、厚度大于等于 6 mm 低碳钢板或低合金钢板对接横焊焊接检验

焊接检验分为外观质量检验、尺寸检验、内在质量检验。外观质量检验应注意最后一层各道焊缝之间的检验应按以下规定执行：相邻焊道之间的凹下量不得大于 1.5 mm，焊道之间的平面度误差在焊件范围内不得超过 1.5 mm。其他按立焊的检验方式进行检验。

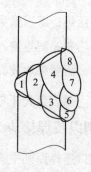

图 1—28　焊道布置
1—打底层
2、3、4—填充层（两层三道）
5~8—盖面层

 技能要求 1

厚度大于等于 6 mm 低碳钢板的对接横焊单面焊双面成型

一、操作准备

1. 材料准备

（1）钢板

Q235A 钢，尺寸为 12 mm×200 mm×250 mm。

（2）焊条

E4303 型，$\phi 2.5$ mm、$\phi 3.2$ mm。

2. 设备

BX1—315 型焊机。

3. 工具

角磨机、敲渣锤、钢直尺、钢丝刷、感应式电流表等。

4. 劳动保护用品

防护眼镜、手套、工作服、防护皮鞋等。

二、操作步骤

1. 坡口的制备（火焰切割坡口）

在钢板长边（250 mm）加工角度为 30° 的坡口，要求坡口面没有超过 1 mm 的

沟痕，坡口直线度误差在 1 mm 以内。

2. 组装与点焊

（1）打磨

打磨坡口焊接区以及焊缝正面 20 mm、背面 10 mm 区域，要求无铁锈、熔渣、油污等影响焊接质量的异物并可见金属光泽。

（2）调整间隙

按表 1—21 的要求调整间隙。

（3）点焊

采取背面直接点焊法，焊道长 8～15 mm，要求无可见缺陷。

（4）反变形量的设置

如图 1—29 所示，将试件做 3°～5°的反变形。

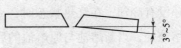

图 1—29　反变形

3. 焊接

焊道布置采取四层八道，如图 1—28 所示。

（1）工件的固定

将焊件固定在如图 1—7 所示支架中横焊位置，调整试件高度，使其处于最适合自己焊接的位置。注意试件间隙小的一端应放置在左侧。

（2）打底焊

焊接时在左侧焊缝的定位焊处开始引弧，焊条角度如图 1—30 所示，焊条与焊接方向的夹角为 65°～75°，与试件下板的夹角为 75°～85°。稍作停留，一边预热接头部位，然后上下摆动向右施焊，以较快的速度到达定位焊的尾部，将电弧向焊件背面压送，同时稍作停留，这时可以看见焊接坡口根部被熔化并击穿，形成熔孔，此时焊条上下做斜椭圆形摆动，如图 1—31 所示。

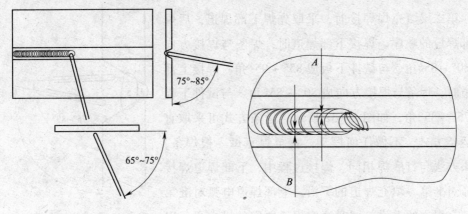

图 1—30　打底焊焊条角度　　　　图 1—31　坡口熔化程度

$A = 1～1.5$ mm　$B = 0.5$ mm

为使打底焊能获得良好的背部成型，焊接过程中一定要用短弧焊接，焊条摆动过程中移动距离不可过大，在坡口两侧的停留时间应有所不同，坡口上部的停留时间要稍长，同时要控制好熔孔的大小，使得坡口的上部熔化 1 ~ 1.5 mm，下部熔化约 0.5 mm，如图 1—31 所示的 A、B，从而使根部熔化良好。注意：如果焊接时试件下板熔化过大，金属熔液很容易下坠形成焊瘤。

当焊条即将焊完，需要更换焊条时，将焊条向左拉回 10 mm 左右，并迅速抬起焊条，使电弧拉长而熄灭。这样可以把收弧产生的缩孔消除或避免带到表面，以便更换焊条后焊接时将其熔化。

接头时可以采取热接法和冷接法。采用热接法时，换焊条的速度要快，趁熔池还没有冷却，在红热状态时，立即在熔池前方 10 mm 坡口面上引弧，迅速拉回至熔池处，当新熔池与原熔池的后沿重合时开始摆动，当电弧移至弧坑边缘时，将焊条向坡口背部压送，此时稍作停留，当听到电弧击穿坡口声并形成新的熔池时，将焊条抬至正常焊接位置继续开始焊接。采用冷接法时，就是待熔池冷却后敲去熔渣（必要时用砂轮打磨出缓坡状），按热接法方式开始引弧焊接。

（3）填充焊

在开始填充焊操作前，要用钢丝刷将打底层焊道特别是焊道与坡口交接处的焊渣、飞溅物等清理干净，必要时可对焊缝过高处进行打磨，然后再进行填充焊操作。填充焊为两层三道，其中第一层填充焊是一道，第二层填充焊是两道，焊接方向从左到右。

第一层填充焊焊接时焊条角度与打底焊相同，运条方法仍然采用斜椭圆形运条方式，但摆动幅度比打底焊时大，同时注意焊缝的成型，保证焊道与上、下坡口面处过渡圆滑，熔合良好。

第二层填充焊焊接时，采取先焊下部焊道，后焊上部焊道的顺序。焊接下部焊道时，焊条与焊接方向成 80°~85°角、与试件下板成 85°~95°角。焊接上部焊道时，焊条与焊接方向成 80°~85°角、与试件下板成 75°~85°角，如图 1—32 所示。运条方式可采取直线运条方式，不做任何摆动，直至焊完每一根焊条，接头方法与打底焊相同。焊接过程中，下部焊道焊接电弧对准第一填充焊道的下沿，上部焊道电弧对准第一填充焊道的上沿，同时注意焊道之间的搭接量，以 1/3 ~ 1/2 为宜，避免焊道之间的深沟内产生夹渣，焊

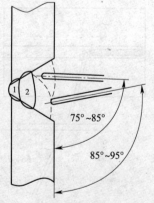

图 1—32　第二层填充焊时
　　　　　焊条角度

道焊完后，距下坡口约2 mm，距上坡口约1 mm，而且不得破坏坡口两侧边缘棱边，为盖面焊打好基础。

（4）盖面焊

在开始盖面焊操作前，要用钢丝刷将填充焊道特别是焊道与坡口交接处、焊道之间的焊渣、飞溅物等清理干净，必要时可对焊缝过高处进行打磨，然后再进行盖面焊操作。盖面焊为一层四道，焊接方向从左到右。

盖面层的焊接采取直线运条方式，不做任何摆动，四条焊道从下板开始焊接，一道道叠加，焊接过程中采取短弧焊接。

调整好各焊道的焊条角度，其中焊条与焊接方向的角度均为80°~85°，而与试件下板的角度各不相同。焊接第5道焊道时，焊条与下板的夹角为80°~90°，其中焊道应与母材下板搭接1~2 mm；焊接第6道焊道时，焊条与下板的夹角为95°~100°；焊接第7道焊道时，焊条与下板的夹角为75°~85°；焊接第8道焊道时，焊条与下板的夹角为85°~95°；第6、7、8道焊道应各与前一焊道搭接1/2，而且第8道焊道还应与上板搭接1~2 mm。盖面焊焊条角度如图1—33所示。

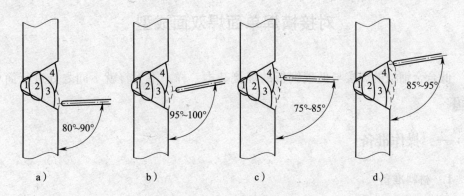

图1—33 盖面焊焊条角度

a）第5道焊道 b）第6道焊道 c）第7道焊道 d）第8道焊道

4. 清理

焊接完成后对焊缝区域进行彻底清理，要求对焊接附着物（如焊渣、飞溅物等）彻底清除干净，必要时可用扁铲等工具清理大的飞溅物，但是要注意不能留下扁铲剔过的痕迹。清理之前，焊件要经自然冷却，非经允许，不可将焊件放在水中冷却。清理过程中要注意安全，防止烫伤、砸伤以及飞渣入眼。

5. 检验

主要检验焊缝的外观质量及外观尺寸。

三、注意事项

板 V 形坡口横焊易出现问题的原因及对策见表1—23。

表1—23　　　　　板 V 形坡口横焊易出现问题的原因及对策

缺陷名称	产生原因	对　策
背面未焊透和下垂（焊瘤）	1. 运条不良 2. 熔化金属受重力下坠	1. 掌握好运条角度 2. 注意控制电弧在上、下坡口侧停留时间
盖面焊上侧咬边，下侧焊瘤，焊缝成型不良	1. 熔化金属受重力下坠 2. 运条速度不均匀	1. 注意运条角度 2. 注意运条速度均匀

 技能要求2

厚度大于等于 6 mm 低合金钢板（Q345）的
对接横焊单面焊双面成型

低合金钢板的焊接与低碳钢板的焊接基本一样，下面将就不同之处进行简单介绍。

一、操作准备

1. 材料准备

（1）钢板

Q345 钢，12 mm×200 mm×250 mm。

（2）焊条

E5015 型，ϕ3.2 mm。

2. 设备

ZX7—400 型焊机、RDL4—100 型自动远红外线焊条烘干箱、PR—1 型保温桶。

3. 工具

角磨机、敲渣锤、钢直尺、钢丝刷、感应式电流表等。

4．劳动保护用品

防护眼镜、手套、工作服、防护皮鞋等。

二、操作步骤

1．坡口的制备（火焰切割坡口）

参见本学习单元"技能要求 1"。

2．组装与点焊

焊接所用焊条需要按要求进行烘干，烘干后放入保温桶内随用随取。电源极性采取直流反接（DC. RP），即工件接负极。其他参见本学习单元"技能要求 1"。

3．焊接

（1）工件的固定

参见本学习单元"技能要求 1"。

（2）打底焊

这里介绍其他两种运条方法，该方法同样适用于本学习单元"技能要求 1"。

1）直线清根运条法。在焊接过程中，焊条不做横向摆动，而是按一定频率做直线进退运弧，电弧前进到根部熔孔时开始焊接，退弧运条是为了分散电弧热量，使熔池温度不至于太高，以防止熔池熔化金属因温度过高而向外流淌形成焊瘤。在运条过程中不熄弧，退弧瞬间观察熔孔大小及位置，为进弧做准备。该方法多用于焊接间隙偏小的焊缝。

2）直线运条法。在焊接过程中，焊条不做横向摆动，由始焊端引弧，用短弧直线运条，直至将焊条焊完，多用于焊接小间隙焊缝。

（3）填充焊、盖面焊

除收弧方法一般采用回焊收弧方法外，其他参见本学习单元"技能要求 1"。

4．清理

焊接完成后对焊缝区域进行彻底清理，要求对焊接附着物（如焊渣、飞溅物等）彻底清除干净，必要时可用扁铲等工具清理大的飞溅物，但是要注意不能留下扁铲剥过的痕迹。清理之前，焊件要经自然冷却，非经允许，不可将焊件放在水中冷却。清理过程中要注意安全，防止烫伤、砸伤以及飞渣入眼。

5．检验

主要检验焊缝的外观质量以及外观尺寸。

第4节 管径 φ≥76 mm 低碳钢管或低合金钢管的对接垂直固定、水平固定和45°固定焊接

 学习单元1 管径 φ≥76 mm 低碳钢管或低合金钢管的对接焊

 学习目标

➢ 掌握一般管径钢管垂直固定焊接操作要点及特定管径与厚度钢管的焊接操作要领。

➢ 掌握一般管径钢管水平固定焊接操作要点及特定管径与厚度钢管的焊接操作要领。

➢ 掌握一般管径钢管45°固定焊接操作要点及特定管径与厚度钢管的焊接操作要领。

 知识要求

一、钢管焊接的基本形式

钢管对接焊接按焊缝所处位置不同可分为水平转动、垂直固定、水平固定、45°固定等几种形式，如图1—34所示。一般情况下，对于直径小于76 mm的钢管焊接称为小管径焊接，而大于76 mm的称为大管径焊接。

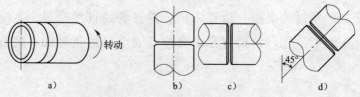

图1—34 钢管焊接基本形式

a）水平转动 b）垂直固定 c）水平固定 d）45°固定

二、钢管垂直固定、水平固定、45°固定焊接的坡口选择原则、坡口清理和打磨以及定位焊的相关知识

1. 坡口选择原则

影响焊件变形的因素有很多，其中最根本的原因是焊件受热不均匀，由此从焊接结构的设计开始，就应考虑从源头上控制焊接过程中的热输入量以及金属的填充量，其中选择合理的坡口形式就是有效地减少热输入量以及金属的填充量的重要措施之一。

对于钢管的对接焊接，其坡口形式一般有 V 形和 U 形两种，对于同一管径和壁厚而言，U 形坡口的截面积比 V 形坡口小，而且 U 形坡口开口端尺寸小于 V 形坡口，盖面焊焊道尺寸相对较小，有利于焊接和焊道的成型美观。但 U 形坡口加工难度较大，所以一般只对壁厚在 16 mm 以上的钢管采取 U 形坡口。如图 1—35 所示为 V 形坡口、U 形坡口的尺寸对比。

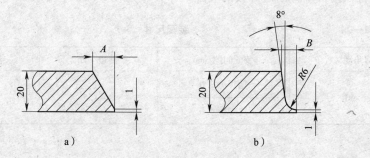

图 1—35 V 形坡口、U 形坡口的尺寸对比

a）V 形坡口 $A = 11$ mm b）U 形坡口 $B = 8$ mm

选用坡口钝边尺寸的一般原则是钝边尺寸为 0~1.5 mm，对于焊接规范较大的，常选择较大值。

2. 坡口清理和打磨

对于焊接区域，一般要求是正面 20 mm、背部 10 mm 内及坡口面采用指形砂轮磨光机打磨至可见金属光泽，去除影响焊接质量的油污、氧化物等，对于要求特别高的焊缝还要做脱脂处理。

3. 定位焊

定位焊一般可分为直接点焊法和间接点焊法。采用直接点焊法时，点焊焊道就是正式焊道的一部分，其要求与正式焊道一样。间接点焊法又分为钢板连接法和焊道连接法，不同点以及使用方法可参见"管板焊接"的相关知识。注意：如果采用直接点焊法，点焊焊道就是正式焊道的一部分，因此要求与正式焊道一样，不得有任何缺陷，而且焊道两端应形成缓坡；采用间接点焊法时，焊道连接法是指当快焊到点焊处时，应先将点焊处打磨后再焊接，钢板连接法是指当快焊到点焊处时，应先将连接板敲去再焊接。

4. 钢管焊接组对间隙的一般要求

钢管和钢板焊接一样，也会由于先焊接部位的热应力作用导致后焊接部位的收缩，即间隙变小。因此，对于钢管焊接组对时也应考虑不同焊接部位的组对间隙，以防止后焊接部位由于间隙过小而导致焊不透，从而影响焊接质量。

三、大管径钢管垂直固定焊接操作要点

大管径钢管垂直固定焊接又称为大管径钢管横焊，如图1—34b所示。

1. 组对装配

大管径钢管垂直固定焊接的装配尺寸具体见表1—24中要求。

表1—24　　　　　　　　　　　　装配尺寸

坡口角度/（°）	装配间隙/mm	钝边/mm	错边量/mm
60	始焊侧 3.0	0~1.5	≤0.5
	终焊侧 4.0		

2. 点焊

点焊时将钢管放在水平位置，中间夹持一根 $\phi3.2$ mm 光焊条，保证钢管外壁对齐（可将钢管放置在角钢内侧，使钢管自然对齐），点焊两侧，取出光焊条，按表1—24检查及调整间隙。点焊焊道可以是两点（相距120°，用于点焊后马上焊接），也可以是三点（相距120°）。点焊电流一般比正式焊接电流大一些。

3. 焊接要点

大管径钢管垂直固定焊与钢板横焊基本一致，只是钢管有一定的弧度，要求焊条在焊接过程中随钢管圆弧运条进行焊接。注意：当焊接具有较高要求的产品或低合金钢管采用碱性焊条时，引弧过程中，由于熔渣较少、电弧中保护气体较少等原因，使得熔池保护效果不好，焊缝易出现气孔。另外，碱性焊条许用电流比酸性焊条小，引弧时容易出现粘焊条现象，为此，碱性焊条一般采用划擦法引弧，要求焊工手稳，引弧后回拉电弧动作要快、准。

（1）焊道布置

一般采用多层多道布置焊道。打底层采用一层一道，当壁厚小于 5 mm 时，一般没有填充层，直接采取一层两道盖面焊完成；当壁厚大于 5 mm 时，需要经过填充层焊接，第一填充层采取一层一道，第二填充层采取一层两道，第三填充层采取一层三道，依次类推。盖面焊在填充层的基础之上完成，一般采用一层多道完成，焊道要比最后一层填充层多一道焊道。

大管径钢管垂直固定焊接时焊接参数的选择见表 1—25。

表 1—25　　　　　　　　　　焊接参数的选择

焊接层次	焊条直径/mm	焊接电流/A
打底层	2.5	65 ~ 85
填充层	3.2	110 ~ 140
盖面层	3.2	110 ~ 120

（2）试件的固定

间隙小的一侧正对焊工，作为起焊点，两侧为点焊位置。

（3）打底焊

起焊点引弧位置要在坡口的上侧，当上侧钝边熔化后，把电弧拉至坡口钝边间隙处，这时焊条要往下压，焊条与下部钢管的夹角可适当加大，当听到电弧击穿坡口根部发出"噗噗"的声音后，观察坡口钝边两侧均熔化 0.5 ~ 1 mm 并形成熔孔时，引弧工作完成，可以开始焊接。

焊接方向按一个方向到底直至封闭完成。运条手法与钢板横焊相同，采取斜椭圆形运条法短弧焊接。焊条与下部钢管夹角为 70° ~ 80°，与焊点处切线焊接方向夹角为 75° ~ 85°，如图 1—36 所示。

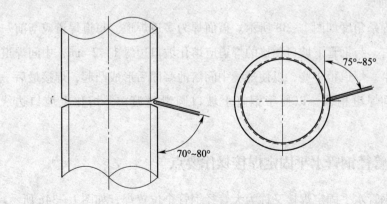

图 1—36　打底焊运条角度

焊接过程中，为防止熔池金属产生泪滴型下坠，电弧在坡口上侧停留时间要略长，同时电弧 1/3 穿过坡口间隙在管内燃烧；电弧在坡口下侧停留时间要短，同时电弧 2/3 穿过坡口间隙在管内燃烧。打底层焊道应在坡口中间偏下位置，焊缝上部不要形成夹角，下部不可出现熔合不良等缺陷。

当焊接到定位焊缝位置时，焊条要向根部间隙位置顶一下，当听到"噗噗"声后，焊条迅速运条到定位焊的另一端根部预热，当看到定位焊端部有熔化的迹象时，焊条往下压，听到"噗噗"声后，稍作停留，即可开始斜椭圆形运条正常焊接。封闭焊缝时，当焊接到始焊点时，焊条要向根部间隙位置顶一下，当听到"噗噗"声后稍作停留，继续向前施焊 10~15 mm，填满弧坑即可。

（4）填充焊

开始填充层焊接之前，应将打底层焊道的熔渣、飞溅物清理干净，特别是焊道与坡口面之间的接合处，必要时可用打磨机打磨焊道高出部分。

焊接第一层填充层时，焊条角度与打底焊相同，运条方法仍然采用斜椭圆形运条方式，但摆动幅度比打底焊时要大，同时注意焊缝的成型，保证焊道与上、下坡口面处过渡圆滑，熔合良好。

焊接第二层及以上填充层时，采取先焊下部焊道，后焊上部焊道的顺序。焊条角度如图 1—37 所示。焊接最下道焊道时，应注意观察下坡口及上层焊道底部的熔合情况，焊接下一焊道时，要注意覆盖住上一焊道的 1/3~1/2，焊接最上面焊道时，应注意焊道与上坡口的熔合情况，避免出现凹槽或凸起。填充层焊完后，要求下坡口应留出约 2 mm，上坡口留出约 0.5 mm，而且坡口两侧边缘棱边完整，为盖面层施焊打下良好基础。

（5）盖面焊

盖面焊焊条角度如图 1—38 所示。盖面焊为多道焊道。每道焊道应与前一焊道搭接 1/2 左右，与钢管下坡口相接的焊道应熔化坡口边缘 1~2 mm，中间焊道的焊接速度要比第一焊道稍小些，以使焊缝中间熔池凝固后形成凸起，焊接最后一道焊道时要比中间焊道稍快，以便于钢管上坡口圆滑过渡，并熔化上坡口边缘 1~2 mm。

四、大管径钢管水平固定焊接操作要点

大管径钢管水平固定焊接又称为大管径钢管全位置焊，如图 1—34c 所示。

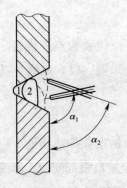

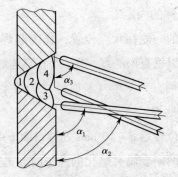

图 1—37 填充焊焊条角度 　　　　　图 1—38 盖面焊焊条角度

$\alpha_1 = 0° \sim 10°$ 　$\alpha_2 = 60° \sim 70°$ 　　　$\alpha_1 = 75° \sim 85°$ 　$\alpha_2 = 75° \sim 80°$ 　$\alpha_3 = 60° \sim 70°$

1. 组对装配

大管径钢管水平固定焊接装配尺寸见表 1—26。

表 1—26　　　　　　　　　　　　　装配尺寸

坡口角度/ (°)	装配间隙/mm	钝边/mm	错边量/mm
60°	0 点处 4.0 6 点处 3.0	0 ~ 1.5	≤0.5

2. 点焊

点焊时将钢管放在水平位置，中间夹持一根 $\phi 3.2$ mm 光焊条，保证钢管外壁对齐（可将钢管放置在角钢内侧，使钢管自然对齐），点焊两侧，取出光焊条，按表 1—26 检查及调整间隙。点焊焊道可以是两点（相距 120°），也可以是三点（相距 120°）。点焊电流一般比正式焊接电流大一些。

3. 焊接要点

（1）焊道布置

一般采用多层多道布置焊道。每一层由一道焊道组成。壁厚在 5 mm 以下的没有填充层，打底焊完成后直接焊盖面层完成焊接。

焊接参数的选择见表 1—27。

表 1—27　　　　　　　　　　　焊接参数的选择

焊接层次	焊条直径/mm	焊接电流/A
打底层	2.5	60 ~ 90
填充层	3.2	90 ~ 120
盖面层	3.2	90 ~ 110

（2）试件的固定

间隙小的一侧在6点位置，作为起焊点，3点、9点位置为点焊位置。焊接时将整个试件以垂直中心线（0点、6点连线）分为两个半周，以6点到0点（逆时针）为前半周，另一半（顺时针）为后半周。

（3）打底焊

在6点位置后5～10 mm处坡口面上引弧后以稍长的电弧加热该处1～2 s，待引弧处坡口两侧金属有熔化的迹象时，迅速压低电弧至坡口根部间隙，形成焊道并出现熔孔，压低电弧，焊条稍稍摆动并向上顶送，以短弧锯齿形运条方式向上焊接，横向摆动到坡口两侧时稍作停留，以保证焊缝与母材根部熔合良好。

焊接仰焊及仰焊爬坡位置时，易产生内凹、未焊透、夹渣等缺陷，焊接时应尽量压低电弧，以最短的电弧向上顶送，电弧应透过钢管内壁约1/2，熔化坡口根部两侧形成熔孔。焊条摆动幅度要小，向上运条速度要小且均匀，并随着钢管位置的不同随时调整焊条角度，以防止熔池熔化金属下坠而在焊缝背部形成内凹或正面出现焊瘤。焊条角度如图1—39所示。

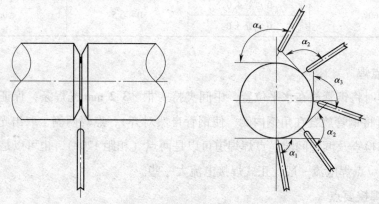

图1—39　打底焊焊条角度

$\alpha_1 = 80° \sim 85°$　　$\alpha_2 = 100° \sim 105°$　　$\alpha_3 = 100° \sim 110°$　　$\alpha_4 = 110° \sim 120°$

更换焊条进行中间接头时，可采用热接法或冷接法。采用热接法时，换焊条要迅速，在接头处前10 mm处引弧后，快速拉至接头处开始焊接；采用冷接法时，要清理干净接头区异物（必要时可打磨），然后按热接法焊接。

焊接立焊及立焊爬坡位置时，焊接手法与仰焊位基本相同，但此时钢管温度较高，加上焊接熔滴受电弧吹力、重力影响，容易出现焊瘤等缺陷。因此，在保持短弧的同时运条速度要快一些。

焊接平焊位置时，注意收弧点应过0点位置10 mm左右。

当在焊接过程中经过正式定位焊缝时，只需将电弧稍向坡口内侧压送，以较快的速度焊过定位焊焊点，过渡到前方，稍作停留，仍用原先手法正常焊接即可。

后半周开始焊接前，应先将前焊道始、末焊处清理干净，必要时用砂轮将其打磨成缓坡状。在前半周约 10 mm 处开始引弧预热，将电弧拉至缓坡状末端向上顶送，待电弧击穿坡口根部，熔透并形成熔孔时开始正常运条焊接，手法与前半周相同。整周焊道焊完要形成封闭焊道时，接近前半周焊道缓坡状末端时，要将电弧往坡口压送并稍作停留，然后继续向前焊过 10 mm 左右，填满弧坑即可。

（4）填充焊

开始填充层焊接之前，应将打底层焊道的熔渣、飞溅物清理干净，特别是焊道与坡口面之间的接合处，必要时可用打磨机打磨焊道高出部分。

焊接填充层时焊条角度与打底焊相同（由于填充焊与根部熔透无关，主要技术问题是焊道成型以及与母材的良好过渡，所以，焊条与钢管切线焊接方向的夹角可适当增大 5°），运条方法采用短弧月牙形运条方式，但摆动幅度比打底焊时要大；同时，注意电弧在坡口两侧适当停留以及焊缝的成型，保证焊道不能损坏坡口边缘棱边。焊接壁厚较大的钢管时，填充层可以采用多层焊接，原则上每层都采取一道焊道完成，但当壁厚很大，导致一道焊道的焊缝宽度超过 20 mm 时，就要采取多道焊接。多道焊时应注意每道焊道应重叠 1/3～1/2，并要过渡光滑，不可形成凹槽或凸起。仰焊位置运条速度中间要略快，形成中间较薄的凹形焊道；立焊位置可采用上凸的月牙形运条方式，以防止焊瘤的产生或焊缝凸起过大；平焊位置可采取锯齿形运条方式，使焊道平整。

接头采取热接法或冷接法均可，方法与前面所述一样。

填充焊完成后，焊道应比坡口边缘低 1～1.5 mm，并保持坡口边缘棱边完整。

（5）盖面焊

盖面焊一般为一道焊道，但当壁厚很大，导致一道焊道的焊缝宽度超过 20 mm 时就要采取多道焊接。

开始盖面层焊接之前，应将填充层焊道的熔渣、飞溅物清理干净，特别是焊道与坡口面之间的接合处，必要时可用打磨机打磨焊道高出部分。

盖面层焊接的手法和焊条角度与填充层一样，但焊条的横向摆动幅度要均匀且稍大，当摆至坡口两侧时电弧要进一步缩短并稍作停留，以避免咬边，前进的幅度要均匀，以得到良好的外观。

中间接头以及封闭接头方法与填充焊时一样。

五、大管径钢管 45°固定焊接操作要点

大管径钢管 45°固定焊接如图 1—34d 所示（在焊工考试中又称 6G 焊接）。

1．组对装配

大管径钢管45°固定焊接装配尺寸见表1—28。

表1—28 装配尺寸

坡口角度/（°）	装配间隙/mm	钝边/mm	错边量/mm
60°	0点处4.0	0~1.5	≤0.5
	6点处3.0		

2．点焊

点焊时将钢管放在水平位置，中间夹持一根φ3.2 mm光焊条，保证钢管外壁对齐（可将钢管放置在角钢内侧，使钢管自然对齐），点焊两侧，取出光焊条，按表1—28检查及调整间隙。点焊焊道可以是两点（相距180°），也可以是三点（相距90°）。点焊电流一般比正式焊接电流大一些。

3．焊接要点

钢管45°固定焊接介于垂直固定与水平固定之间，其焊接方法有很多相同之处。焊接时将整个试件以垂直中心线（0点、6点连线）分为两个半周，以6点到12点（顺时针）为前半周，另一半（逆时针）为后半周。每个半周由斜仰、斜立、斜平焊三种位置组成。

（1）焊道布置

一般采用多层多道布置焊道。每一层由一道焊道组成。壁厚在5 mm以下的没有填充层，打底焊完成后直接盖面焊完成。

焊接参数的选择见表1—29。

表1—29 焊接参数的选择

焊接层次	焊条直径/mm	焊接电流/A
打底层	2.5	60~90
填充层	3.2	90~120
盖面层	3.2	90~110

（2）试件的固定

间隙小的一侧在6点位置，作为起焊点，3点、9点位置为点焊位置。

（3）打底焊

在6点位置前5~10 mm处坡口面上引弧后以稍长的电弧加热该处1~2 s，待引弧处坡口两侧金属有熔化的迹象时，迅速压低电弧至坡口根部间隙，形成焊道并出现熔孔，压低电弧，焊条稍稍摆动并向上顶送，以短弧斜小锯齿形水平运条方式向上焊接，水平横向摆动到坡口两侧时稍作停留，以保证焊缝与母材根部熔合良好。

在焊接过程中要求焊工做到"看""听""送"。"看"即看熔池温度和熔孔形状要保持基本一致，尤其是看电弧是否熔化坡口根部，看电弧要 1/2 在外，1/2 在坡口内部燃烧，看熔池的成型，使电弧的摆动与熔池的凝固频率基本一致，若电弧向熔池补充过快，液态熔池增大，易下淌形成焊瘤；太慢，熔池液态金属补充不足，背部易形成凹陷。"听"即注意听电弧击穿坡口时发出的"噗噗"声。"送"即根据施焊过程中焊条在钢管的位置情况适时地调节焊条角度、电弧长度、焊接速度与运条方式，把铁液准确地送到坡口根部，通过有机配合，以达到良好成型的目的。焊条角度如图 1—40 所示。运条方式如图 1—41 所示。

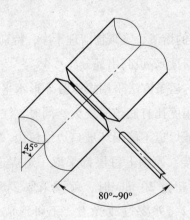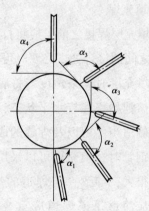

图 1—40　打底焊焊条角度

$\alpha_1 = 80° \sim 85°$　$\alpha_2 = 85° \sim 95°$　$\alpha_3 = 90° \sim 100°$　$\alpha_4 = 80° \sim 90°$

当要更换焊条进行中间接头时，首先要做好停弧的准备，应先做好一个熔孔，然后将铁液向后带，在坡口一侧熄弧，以降低熔池的凝固速度，防止出现冷缩孔，并使接头处形成缓坡状，以利于接头顺利进行。注意：切不可在熔池中心处直接收弧。采用热接法时，换焊条要迅速，趁熔池处于红热状态时在接头处前10 mm处引弧后，快速拉至接头处开始焊接；采用冷接法时，要清理干净接头区异物（必要时可打磨），然后按热接法焊接。

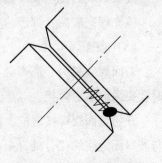

焊接斜立焊及斜立焊爬坡位置时，焊接手法与仰　　图 1—41　打底焊运条方式

焊位基本相同，但此时钢管温度较高，加上焊接熔滴受电弧吹力、重力影响，容易出现焊瘤等缺陷，因此，在保持短弧的同时运条速度要快一些。

焊接平焊位置时，注意收弧点应过12点位置10 mm左右。

当在焊接过程中经过正式定位焊缝时，只需将电弧稍向坡口内侧压送，以较快的速度焊过定位焊焊点，过渡到前方，稍作停留，仍用原先手法正常焊接即可。

后半周开始焊接前，应先将前焊道始、末焊处清理干净，必要时用砂轮将其打磨成缓坡状。在前半周约10 mm处开始引弧预热，将电弧拉至缓坡状末端向上顶送，待电弧击穿坡口根部，熔透并形成熔孔时开始正常运条焊接，手法与前半周相同。整周焊道焊完要形成封闭焊道时，接近前半周焊道三角区时，应注意焊条焊至前半周焊缝坡口底部时，焊条要往下压，并稍作停留，使电弧穿透背部，待熔池与前焊缝熔化在一起时，给足铁液，向前继续焊过10 mm左右熄弧。

（4）填充焊

开始填充层焊接之前，应将打底层焊道的熔渣、飞溅物清理干净，特别是焊道与坡口面之间的接合处，必要时可用打磨机打磨焊道高出部分。

焊接填充层时焊条角度与打底焊相同，运条方法采用短弧月牙形水平运条方式，以使熔池始终保持水平状态，但摆动幅度比打底焊时要大；同时，注意电弧在坡口两侧适当停留以及焊缝的成型，保证焊道不能损坏坡口边缘棱边。焊接壁厚较大的钢管时，填充层可以采用多层焊接，原则上每层都采取一道焊道完成，但当壁厚很大，导致一道焊道的焊缝宽度超过20 mm时，就要采取多道焊接。多道焊时应注意每道焊道应重叠1/3～1/2，并要过渡光滑，不可形成凹槽或凸起。

填充层与打底层之间每一道焊缝的接头应注意错开10 mm以上。填充层之间的焊道以及填充层与盖面层之间的焊道也有同样要求。

接头采取热接法或冷接法均可，方法与前面所述一样。

填充焊完成后，焊道应比坡口边缘低1～1.5 mm，并保持坡口边缘棱边完整。

（5）盖面焊

盖面焊一般为一道焊缝，但当壁厚很大，导致一道焊道的焊缝宽度超过20 mm时就要采取多道焊接。

开始盖面层焊接之前，应将填充层焊道的熔渣、飞溅物清理干净，特别是焊道与坡口面之间的接合处，必要时可用打磨机打磨焊道高出部分。

盖面层焊接的手法和焊条角度与填充层一样，同样采用月牙形水平运条方式且保持熔池水平状态，但焊条的横向摆动幅度要均匀且稍大，当摆至坡口两侧时电弧要进一步缩短并稍作停留，以避免咬边，前进的幅度要均匀，以得到良好的外观。

中间接头与填充焊时一样。封闭接头在 0 点处，当焊条焊至三角区时，待下侧坡口边缘与三角尖端熔化，形成整体熔池后逐渐缩小熔池，填满三角区后再收弧。

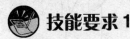 **技能要求 1**

管径 $\phi \geq 76$ mm 低碳钢管或
低合金钢管的对接垂直固定焊接

一、操作准备

1. 材料准备

（1）钢管

材质为 20 钢，$\phi 108$ mm $\times 8$ mm $\times 120$ mm。

（2）焊条

E4303 型，$\phi 2.5$ mm、$\phi 3.2$ mm。

2. 设备

BX1—315 型焊机。

3. 工具

角磨机、敲渣锤、钢直尺、钢丝刷、感应式电流表等。

4. 劳动保护用品

防护眼镜、手套、工作服、防护皮鞋等。

二、操作步骤

1. 坡口的制备（车床加工）

钢管的坡口可在车床上加工，坡口面角度为 $30° \pm 2°$，钝边为 $0 \sim 1.5$ mm，坡口端面与钢管轴线垂直度误差小于 $1/100$ mm。

2. 组装与点焊

（1）打磨

打磨坡口焊接区以及焊缝正面 20 mm、背面 10 mm 区域，要求无铁锈、毛刺、油污等影响焊接质量的异物并可见金属光泽。

（2）点焊

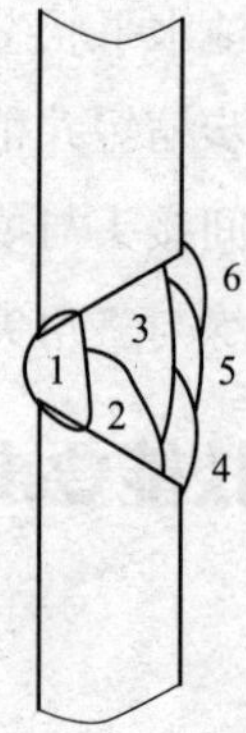

采取直接点焊法，焊道长5~10 mm，要求无可见缺陷，背面成型良好，两端呈缓坡状，必要时可打磨得到。

（3）调整间隙

按表1—24的要求调整间隙。

3. 焊接

大管径钢管横焊与钢板横焊基本一致，只是钢管有一定的弧度，要求焊条在焊接过程中随钢管圆弧运条进行焊接。

（1）焊道布置

一般采用三层六道，如图1—42所示。

焊接参数的选择见表1—30。

图1—42 三层六道
焊道布置

表1—30 焊接参数的选择

焊接层次	焊条直径/mm	焊接电流/A
打底层	2.5	65~75
填充层	3.2	110~120
盖面层	3.2	100~110

（2）试件的固定

间隙小的一侧正对焊工，作为起焊点，两侧为点焊位置。

（3）打底焊

起焊点引弧位置要在坡口的上侧，当上侧钝边熔化后，把电弧拉至坡口钝边间隙处，这时焊条要往下压，焊条与下部钢管的夹角可适当加大，当听到电弧击穿坡口根部发出"噗噗"的声音，观察坡口钝边两侧均熔化0.5~1 mm，形成熔孔时，引弧工作完成，开始焊接。

焊接方向按一个方向到底直至封闭完成。运条手法与钢板横焊相同，采取斜椭圆形运条，短弧焊接。焊条与下部钢管夹角为70°~80°，与焊点处切线焊接方向夹角为75°~85°，如图1—36所示。

焊接过程中，为防止熔池金属产生泪滴型下坠，电弧在坡口上侧停留时间要略长，同时电弧1/3穿过坡口间隙在管内燃烧；电弧在坡口下侧停留时间要短，同时电弧2/3穿过坡口间隙在管内燃烧。打底层焊道应在坡口中间偏下位置，焊缝上部不要形成夹渣，下部不可出现熔合不良等缺陷。

当焊接到定位焊缝位置时，焊条要向根部间隙位置顶一下，当听到"噗噗"

声后，焊条迅速运条到定位焊的另一端根部预热，当看到定位焊端部有熔化的迹象时，焊条往下压，听到"噗噗"声后，稍作停留，即可开始斜椭圆形运条正常焊接。封闭焊缝时，当焊接到始焊点时，焊条要向根部间隙位置顶一下，当听到"噗噗"声后稍作停留，继续向前施焊 10~15 mm，填满弧坑即可。

（4）填充焊

开始填充层焊接之前，应将打底层焊道的熔渣、飞溅物清理干净，特别是焊道与坡口面之间的接合处，必要时可用打磨机打磨焊道高出部分。

填充层采取一层两道焊接，先焊下部焊道，后焊上部焊道。焊条角度如图1—37 所示。焊接最下道焊道时，应注意观察下坡口及上层焊道底部的熔合情况，焊接下一焊道时，要注意覆盖住上一焊道的 1/3~1/2，同时应注意焊道与上坡口的熔合情况，避免出现凹槽或凸起。填充层焊完后，要求下坡口应留出约 2 mm，上坡口留出约 0.5 mm，而且坡口两侧边缘棱边完整，为盖面层施焊打下良好基础。

（5）盖面焊

盖面焊焊条角度如图1—38 所示。盖面焊为三道焊道。每道焊道应与前一焊道搭接 1/2 左右，与钢管下坡口相接的焊道应熔化坡口边缘 1~2 mm，中间焊道焊接速度要比第一焊道稍小些，以使焊缝中间熔池凝固后形成凸起，焊接最后一道焊道时要比中间焊道稍快，以便于钢管上坡口圆滑过渡，并熔化上坡口边缘 1~2 mm。

4. 清理

焊接完成后对焊缝区域进行彻底清理，要求将焊接附着物（如焊渣、飞溅物等）彻底清除干净，必要时可用扁铲等工具清理大的飞溅物，但是要注意不能留下扁铲剔过的痕迹。清理之前，焊件要经自然冷却，非经允许，不可将焊件放在水中冷却。清理过程中要注意安全，防止烫伤、砸伤以及飞渣入眼。

5. 检验

主要检验焊缝的外观质量及外观尺寸。

三、注意事项

当焊接有较高要求的产品或低合金钢管采用碱性焊条时，应注意以下问题：

1. 焊接电源应使用直流电源。一般选择直流焊机，采用直流反接（DC.RP），并需配备自动远红外线焊条烘干箱与保温桶，按规定或工艺要求对焊条进行烘干，焊接时放置在保温桶中随用随取。

2. 引弧过程中，由于熔渣较少、电弧中保护气体较少等原因，使熔池保护效果不好，焊缝易出现气孔。另外，碱性焊条许用电流比酸性焊条小，引弧时容易出现粘焊条现象，为此，碱性焊条一般采用划擦法引弧，要求焊工手稳，引弧后回拉电弧动作要快、准。

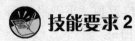 **技能要求2**

管径 $\phi \geqslant 76$ mm 低碳钢管或
低合金钢管对接水平固定焊接

一、操作准备

1. 材料准备

（1）钢管

Q345 钢，$\phi108$ mm × 8 mm × 120 mm。

（2）焊条

E5015 型，$\phi2.5$ mm、$\phi3.2$ mm。

2. 设备

ZX7—400 型焊机（直流反接）。

3. 工具

角磨机、敲渣锤、钢直尺、钢丝刷、感应式电流表等。

4. 劳动保护用品

防护眼镜、手套、工作服、防护皮鞋等。

二、操作步骤

1. 坡口的制备（用车床加工）

钢管的坡口可在车床上加工，坡口角度为 30° ±2°，钝边为 0~1.5 mm，坡口端面与钢管轴线垂直度误差小于 1/100 mm。

2. 组装与点焊

（1）打磨

打磨坡口焊接区以及焊缝正面 20 mm、背面 10 mm 区域，要求无铁锈、毛刺、油污等影响焊接质量的异物并可见金属光泽。

（2）点焊

采取直接点焊法，焊道长 5~10 mm，两处成 120°角（其中间隙 4.0 mm 处在两点焊点中间位置），要求无可见缺陷，背面成型良好，两端呈缓坡状，必要时可打磨得到。

（3）调整间隙

按表1—26的要求调整间隙。

3. 焊接要点

（1）焊道布置

一般采用三层三道。每一层由一道焊道组成。焊道布置如图1—43所示。

焊接参数的选择见表1—31。

图1—43　三层三道焊道布置

表1—31　　　　　　　　　　　焊接参数的选择

焊接层次	焊条直径/mm	焊接电流/A
打底层	2.5	65~75
填充层	3.2	100~115
盖面层	3.2	100~110

（2）试件的固定

间隙小的一侧在6点位置，作为起焊点，3点、9点位置为点焊位置。焊接时将整个试件以垂直中心线（0点、6点连线）分为两个半周，以6点到0点（逆时针）为前半周，另一半（顺时针）为后半周。

（3）打底焊

在6点位置后5~10 mm处坡口面上引弧后以稍长的电弧加热该处1~2 s，待引弧处坡口两侧金属有熔化的迹象时，迅速压低电弧至坡口根部间隙，形成焊道并出现熔孔，压低电弧，焊条稍稍摆动并向上顶送，以短弧锯齿形运条方式向上焊接，横向摆动到坡口两侧时稍作停留，以保证焊缝与母材根部的良好熔合。

焊接仰焊及仰焊爬坡位置时，易产生内凹、未焊透、夹渣等缺陷，焊接时应尽量压低电弧，以最短的电弧向上顶送，电弧透过钢管内壁约1/2，熔化坡口根部两侧形成熔孔。焊条摆动幅度要小，向上运条速度要小且均匀，并随着钢管位置的不同随时调整焊条角度，以防止熔池熔化金属下坠而在焊缝背部形成内凹或正面出现焊瘤。焊条角度如图1—39所示。

更换焊条进行中间接头时，可采用热接法或冷接法。采用热接法时，换焊条要迅速，在接头处前10 mm处引弧后，快速拉至接头处开始焊接；采用冷接法时，要清理干净接头区异物（必要时可打磨），然后按热接法焊接。

焊接立焊及立焊爬坡位置时，焊接手法与仰焊位基本相同，但此时钢管温度较高，加上焊接熔滴受电弧吹力、重力影响，容易出现焊瘤等缺陷。因此，在保持短弧的同时运条速度要快一些。

焊接平焊位置时，注意收弧点应过 0 点位置 10 mm 左右。

当在焊接过程中经过正式定位焊缝时，只需将电弧稍向坡口内侧压送，以较快的速度焊过定位焊焊点，过渡到前方，稍作停留，仍用原先手法正常焊接即可。

后半周开始焊接前，应先将前焊道始、末焊处清理干净，必要时用砂轮将其打磨成缓坡状。在前半周约 10 mm 处开始引弧预热，将电弧拉至缓坡状末端向上顶送，待电弧击穿坡口根部，熔透并形成熔孔时开始正常运条焊接，手法与前半周相同。整周焊道焊完要形成封闭焊道时，接近前半周焊道缓坡状末端时，要将电弧往坡口压送并稍作停留，然后继续向前焊过 10 mm 左右，填满弧坑即可。

（4）填充焊

开始填充层焊接之前，应将打底层焊道的熔渣、飞溅物清理干净，特别是焊道与坡口面之间的接合处，必要时可用打磨机打磨焊道高出部分。

焊接填充层时焊条角度与打底焊相同（由于填充焊与根部熔透无关，主要技术问题是焊道成型以及与母材的良好过渡，所以，焊条与钢管切线焊接方向的夹角可适当增大 5°），运条方法采用短弧月牙形运条方式，但摆动幅度比打底焊时要大，同时，注意电弧在坡口两侧适当停留以及焊缝的成型，保证焊道不能损坏坡口边缘棱边。

仰焊位置运条速度中间要略快，形成中间较薄的凹形焊道；立焊位置可采用上凸的月牙形运条方式，以防止焊瘤的产生或焊缝凸起过大；平焊位置可采取锯齿形运条方式，使焊道平整。

接头采取热接法或冷接法均可，方法与前面所述一样。

填充焊完成后，焊道应比坡口边缘低 1～1.5 mm，并保持坡口边缘棱边完整。

（5）盖面焊

盖面焊为一层一道焊道。

开始盖面层焊接之前，应将填充层焊道的熔渣、飞溅物清理干净，特别是焊道与坡口面之间的接合处，必要时可用打磨机打磨焊道高出部分。

盖面层焊接的手法和焊条角度与填充层一样，但焊条的横向摆动幅度要均匀且稍大，当摆至坡口两侧时电弧要进一步缩短并稍作停留，以避免咬边，前进的幅度要均匀，以得到良好的外观。

中间接头以及封闭接头方法与填充焊时一样。

4．清理

焊接完成后对焊缝区域进行彻底清理，要求将焊接附着物（如焊渣、飞溅物等）彻底清除干净，必要时可用扁铲等工具清理大的飞溅物，但是要注意不能留下扁铲剔过的痕迹。清理之前，焊件要经自然冷却，非经允许，不可将焊件放在水中冷却。清理过程中要注意安全，防止烫伤、砸伤以及飞渣入眼。

5．检验

主要检验焊缝的外观质量及外观尺寸。

三、注意事项

采用直接点焊法尽管方便，但实际工作中由于装配的需要，以及为了减少焊接缺陷的产生也会采用钢板连接法，焊接时应注意不要过早敲去连接板，应当是在焊接一段焊缝后，钢管不会变形，同时又即将影响下一根焊条焊接时再敲去。若过晚敲去连接板，则下一根焊条刚开始焊接就又要停下，导致焊缝多出一个不必要的接头，从而增加焊接难度，影响焊接质量。

 技能要求3

管径 $\phi \geqslant 76$ mm 低碳钢管或 低合金钢管的对接 45°固定焊接

一、操作准备

1．材料准备

（1）钢管

20 钢，$\phi108$ mm×8 mm×120 mm。

（2）焊条

E4303 型，$\phi2.5$ mm、$\phi3.2$ mm。

2．设备

BX1—315 型焊机。

3．工具

角磨机、敲渣锤、钢直尺、钢丝刷、感应式电流表等。

4. 劳动保护用品

防护眼镜、手套、工作服、防护皮鞋等。

二、操作步骤

1. 坡口的制备（车床加工）

钢管的坡口可在车床上加工，坡口面角度为30°±2°，钝边为0~1.5 mm，坡口端面与钢管轴线垂直度误差小于1/100 mm。

2. 组装与点焊

（1）打磨

打磨坡口焊接区以及焊缝正面20 mm、背面10 mm区域，要求无铁锈、毛刺、油污等影响焊接质量的异物并可见金属光泽。

（2）点焊

采取直接点焊法，焊道长5~10 mm，两处成120°角（分别在3点、9点处，间隙最大处在0点位置），要求无可见缺陷，背面成型良好，两端呈缓坡状，必要时可打磨得到。

（3）调整间隙

按表1—28的要求调整间隙。

3. 焊接要点

（1）焊道布置

一般采用三层三道。与水平固定一样，都是每一层由一道焊道组成。

焊接参数的选择见表1—32。

表1—32 焊接参数的选择

焊接层次	焊条直径/mm	焊接电流/A
打底层	2.5	65~75
填充层	3.2	100~115
盖面层	3.2	100~110

（2）试件的固定

间隙小的一侧在6点位置，作为起焊点，3点、9点位置为点焊位置。

（3）打底焊

在6点位置前5~10 mm处坡口面上引弧后以稍长的电弧加热该处1~2 s，待引弧处坡口两侧金属有熔化的迹象时，迅速压低电弧至坡口根部间隙，形成焊道并出现熔孔，压低电弧，焊条稍稍摆动并向上顶送，以短弧斜小锯齿形水平运条方式向上焊接，水平横向摆动到坡口两侧时稍作停留，以保证焊缝与母材根部熔合良好。

在焊接过程中要求焊工做到"看""听""送"。"看"即看熔池温度和熔孔形状要保持基本一致，尤其是看电弧是否熔化坡口根部，看电弧要 1/2 在外，1/2 在坡口内部燃烧，看熔池的成型，使电弧的摆动与熔池的凝固频率基本一致，若电弧向熔池补充过快，液态熔池增大，易下淌形成焊瘤；太慢，熔池液态金属补充不足，背部易形成凹陷。"听"即注意听电弧击穿坡口时发出的"噗噗"声。"送"即根据施焊过程中焊条在钢管的位置情况适时地调节焊条角度、电弧长度、焊接速度与运条方式，把铁液准确地送到坡口根部，通过有机配合，以达到良好成型的目的。焊条角度如图 1—40 所示。运条方式如图 1—41 所示。

当要更换焊条进行中间接头时，首先要做好停弧的准备，应先做好一个熔孔，然后将铁液向后带，在坡口一侧熄弧，以降低熔池的凝固速度，防止出现冷缩孔，并使接头处形成缓坡状，以利于接头顺利进行。注意：切不可在熔池中心处直接收弧。采用热接法时，换焊条要迅速，趁熔池处于红热状态时在接头处前 10 mm 处引弧后，快速拉至接头处开始焊接；采用冷接法时，要清理干净接头区异物（必要时可打磨），然后按热接法焊接。

焊接斜立焊及斜立焊爬坡位置时，焊接手法与仰焊位基本相同，但此时钢管温度较高，加上焊接熔滴受电弧吹力、重力影响，容易出现焊瘤等缺陷，因此，在保持短弧的同时运条速度要快一些。

当在焊接过程中经过正式定位焊缝时，只需将电弧稍向坡口内侧压送，以较快的速度焊过定位焊焊点，过渡到前方，稍作停留，仍用原先手法正常焊接即可。

后半周开始焊接前，应先将前焊道始、末焊处清理干净，必要时用砂轮将其打磨成缓坡状。在前半周约 10 mm 处开始引弧预热，将电弧拉至缓坡状末端向上顶送，待电弧击穿坡口根部，熔透并形成熔孔时开始正常运条焊接，手法与前半周相同。

整周焊道焊完要形成封闭焊道时，接近前半周焊道三角区时，应注意焊条焊至前半周焊缝坡口底部时，焊条要往下压，并稍作停留，使电弧穿透背部，待熔池与前焊缝熔化在一起时，给足铁液，向前继续焊过 10 mm 左右熄弧。

（4）填充焊

开始填充层焊接之前，应将打底层焊道的熔渣、飞溅物清理干净，特别是焊道与坡口面之间的接合处，必要时可用打磨机打磨焊道高出部分。

焊接填充层时焊条角度与打底焊相同，运条方法采用短弧月牙形水平运条方式，以使熔池始终保持水平状态，但摆动幅度比打底焊时要大；同时，注意电弧在坡口两侧适当停留以及焊缝的成型，保证焊道不能损坏坡口边缘棱边。接头采取热接法或冷接法均可，方法与打底焊一样。

填充焊完成后，焊道应比坡口边缘低 1~1.5 mm，并保持坡口边缘棱边完整。

（5）盖面焊

盖面焊一般为一道焊缝，但当壁厚很大，导致一道焊道的焊缝宽度超过 20 mm 时就要采取多道焊接。

开始盖面层焊接之前，应将填充层焊道的熔渣、飞溅物清理干净，特别是焊道与坡口面之间的接合处，必要时可用打磨机打磨焊道高出部分。

盖面层焊接的手法和焊条角度与填充层一样，同样采用月牙形水平运条方式且保持熔池水平状态，但焊条的横向摆动幅度要均匀且稍大，当摆至坡口两侧时电弧要进一步缩短并稍作停留，以避免咬边，前进的幅度要均匀，以得到良好的外观。

中间接头与填充焊时一样。封闭接头在 0 点处，当焊条焊至三角区时，待下侧坡口边缘与三角尖端熔化，形成整体熔池后逐渐缩小熔池，填满三角区后再收弧。

4. 清理

焊接完成后对焊缝区域进行彻底清理，要求将焊接附着物（如焊渣、飞溅物等）彻底清除干净，必要时可用扁铲等工具清理大的飞溅物，但是要注意不能留下扁铲剔过的痕迹。清理之前，焊件要经自然冷却，非经允许，不可将焊件放在水中冷却。清理过程中要注意安全，防止烫伤、砸伤以及飞渣入眼。

5. 检验

主要检验焊缝的外观质量及外观尺寸。

三、注意事项

填充层与打底层之间每一道焊道的接头应错开 10 mm 以上。填充层之间的焊道以及填充层与盖面层之间焊道同样要求。以防止产生缺陷，从而提高焊接质量。

 学习单元 2　管径 $\phi \geqslant 76$ mm 低碳钢管或低合金钢管的对接焊接检验

 **学习目标**

➤ 掌握低碳钢管对接的焊后检验内容。

➤ 钢管对接焊缝焊接接头检验的基本知识。

 知识要求

钢管对接焊接完成后的检验内容〔（根据特种设备安全技术规范《特种设备焊接操作人员考核细则》（TSG Z6002—2010）〕以及基本检验方法如下：

钢管的焊缝外观检验与钢板的检验方法相同，对于钢管内部成型可借助于内窥镜进行检验。

一、外观检验

焊缝应均匀、齐整，其边缘应圆滑过渡到母材，焊缝外形尺寸应符合表1—33的要求。

表1—33　　　　　　　　　　焊缝外形尺寸　　　　　　　　　　mm

焊缝余高		焊缝余高差		焊缝宽度	
水平固定	其他位置	水平固定	其他位置	比坡口增宽	每侧增宽
0~3	0~3	≤2	≤2	≤3	<0.5~2.5

二、焊缝表面允许缺陷

焊缝表面不得有裂纹、夹渣、气孔、焊瘤和未熔合等缺陷，焊缝表面咬边和背面凹坑应符合表1—34所列的要求。

表1—34　　　　　　　　　　焊缝表面允许缺陷

缺陷名称	允许的最大尺寸
咬边	深度小于或者等于0.5 mm，焊缝两侧咬边总长度不得超过焊缝长度的10%
背面凹坑	1. 当$\delta \leq 5$ mm时，深度不大于25%δ，且不大于1 mm 2. 当$\delta > 5$ mm时，深度不大于20%δ，且不大于2 mm 3. 除仰焊位置的板材试件不做规定外，其余总长度不超过焊缝长度的10%

三、焊缝错边量

焊缝错边量：管径小于100 mm时，不大于1 mm；管径大于等于100 mm时，不大于10%管壁厚度且不大于2 mm。

第2章

熔化极气体保护焊

第1节 厚度 $\delta = 8 \sim 12$ mm 低碳钢板或低合金钢板横位和立位对接的熔化极气体保护焊

 学习目标

➤ 了解各种熔化极气体保护焊的熔滴过渡类型及影响因素。

➤ 掌握碳钢、普通低合金钢中厚板的横位和立位的熔化极气体保护焊坡口选择原则。

➤ 掌握熔化极气体保护焊的左焊法和右焊法的特点。

➤ 掌握熔化极气体保护焊焊接参数选择原则。

➤ 掌握熔化极气体保护焊的钢板横位、立位焊接的操作要领。

 知识要求

一、二氧化碳气体保护焊的熔滴过渡类型及影响因素

在二氧化碳气体保护焊（简称 CO_2 焊）中，实心焊丝的熔滴过渡有两种形态，一种是短路过渡（200 A 以下的小电流），另一种是颗粒过渡（200 A 以上的大电流），药芯焊丝不管电流如何变化，只有颗粒过渡。另外，喷射过渡在以

惰性气体（Ar）为保护气体时才会发生，以活性气体（CO_2）为保护气体时不产生喷射过渡。

1. 短路过渡

利用短路过渡进行焊接的方法称为短路过渡焊接，在二氧化碳气体保护焊、熔化极焊丝惰性气体保护焊（MIG）等情况下（以 200 A 以下较小的电流焊接时）会发生。

短路过渡焊接与普通焊接状态相比，首先让电弧长度变短，使焊丝和母材短路。如果电极短路，那么由于焊接电源所具有的特性，与产生电弧的瞬间相比，将产生更大的短路电流，在该短路电流的作用下，电磁收缩力变大，产生切断焊丝末梢的力量。同时，短路的焊丝末梢由于在此之前一直处于电弧的高温状态下，因此几乎为液态，它通过该部分的电磁收缩力被切断，并再次产生电弧。通过不断重复上述现象进行焊接作业的方法称为短路过渡焊接。由于上述现象发生的时间非常短暂，只有 1/100 s，因此用肉眼是看不到的。为了实现稳定的短路过渡焊接，必须使电弧长度变短，以能够使直径在 0.8 ~ 1.2 mm 内的细焊丝在 1 s 内发生 50 ~ 100 次短路，同时必须使用具有适当特性的焊接电源。不断重复短路和电弧产生过程的短路过渡焊接，由于在焊接时对母材施加的热量小且熔深较浅，而被广泛应用于薄板和打底焊道的焊接，尤其可在 100 A 以下的小电流情况下实现稳定的焊接，如图 2—1 所示。

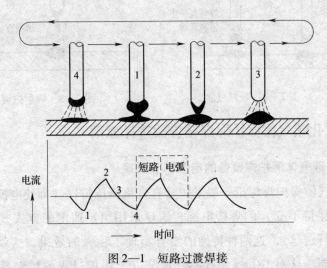

图 2—1　短路过渡焊接

2. 颗粒过渡

在二氧化碳气体保护焊中，当二氧化碳被电弧热分解成一氧化碳和氧气时，将从电弧中吸收热量。因此，电弧将收缩并向中间部位集中，由此产生防止熔滴脱离的力量。因此，即使是在大电流（200 A）的电弧中，熔滴也不会变细，而是将以不规则的大粒子（直径与焊丝相同或超过焊丝的大熔滴）形态过渡。这种形态的熔滴过渡称为颗粒过渡或粗滴过渡。在颗粒过渡中可以得到形状深而良好的熔深，同时，与埋弧焊相比，由于是向直径较细的焊丝通以大电流，电流密度较大，因而二氧化碳气体保护焊效率较高而飞溅较多，如图2—2所示。

3. 喷射过渡

在将惰性气体作为保护气体的熔化极惰性气体保护焊（MIG）或富氩混合气体（25%的 CO_2 +75%的 Ar）保护焊中，由于电弧对熔滴产生影响的力量较小，因而容易完成熔滴过渡。如焊丝电流达到某个值（临界电流），熔滴将以非常细的形态过渡，电弧周围将产生高速的气流（等离子体气流）。这种状态称为喷射电弧。在气流的作用下，熔滴以小滴的形态进行过渡。因此，将减少溅渣，并可得到坡形的焊道外观。这种熔滴的过渡形态称为喷射过渡。如果是铝焊丝，当其直径为1.6 mm时，若焊接电流超过140 A，熔滴将突然变小，数量将达到30个以上；若焊接电流达到200 A，每秒将有100个左右的熔滴高速向熔池过渡，如图2—3所示。

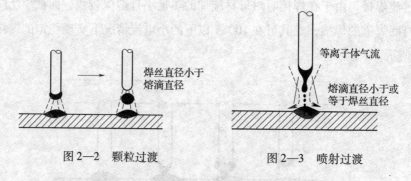

图2—2　颗粒过渡　　　　　图2—3　喷射过渡

二、二氧化碳气体保护焊焊接参数选择原则

1. 二氧化碳气体保护焊设备的电流调节原理

二氧化碳气体保护焊焊机一般采用具有直流恒压特性（即使电流增加，焊接电源的电压也保持不变）的焊接电源，送丝采用恒定速度的方式（自始至终以一定的速度进行送丝），这两种特性的结合实现了稳弧的效果，这就是 CO_2 焊的电弧自调节功能。这对 CO_2 焊焊接参数调节以及焊接过程的稳定具有很重要的作用。

如图2—4所示为具有直流恒压特性电源的焊接电流与焊接电压之间的关系。电弧的产生点是电源的外部特性与电弧特性的相遇点。相遇点是 K_0，焊接电流是

I_0，电弧电压是 U_0，此时的电弧长度是 L_0，稳定的焊接状态是 A_0。电弧长度由 L_0 变长至 L_1 时，由于电弧产生点由 K_0 向 K_1 移动，因此，焊接电流由 I_0 减小至 I_1。随着电流减小，焊丝的熔融速度变慢，但由于送丝的速度是一定的，所以电弧再次进入 A_0 的状态。在 A_2 的状态下，电弧变短时，焊接电流增大，再次返回 A_0 状态。像这样具有恒定电压特性的电源与恒定速度送丝方式的结合，其产生的作用是：即使电流随着电弧长度的变化大幅增加或减小，最终也能使电弧长度保持一定。

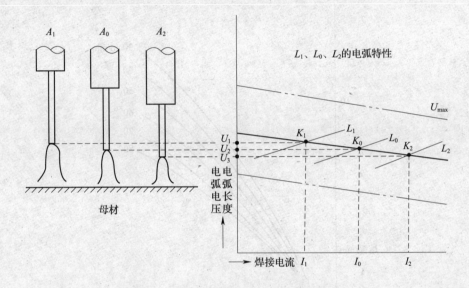

图 2—4　CO_2 气电焊的电弧自调节功能原理

2. 焊接参数选择原则以及对焊接质量的影响

（1）焊接电流

焊接电流是影响焊丝及母材熔化的重要因素，是决定熔深的最重要因素，焊接电流过高、过低对焊接质量的影响见表 2—1。如果焊接电流增大，那么电极（焊丝）和母材熔化的速度将会增大，同时熔深与余高将变大，但焊道宽度并没有什么变化，如图 2—5 所示为焊接电流与熔深的关系。在二氧化碳气体保护焊中使用的是具有恒定电压特性的电源，电流是通过调节送丝速度来进行调节的。

表 2—1　　　　　　　　　　焊接电流过高、过低对焊接质量的影响

状　态	影　　　响
电流高	1. 易发生焊丝触到母材的现象
	2. 将形成窄而形状凸起的焊道
	3. 焊道形状不良
	4. 易产生咬边

续表

状 态	影 响
电流低	1. 电弧不稳定
	2. 熔深不够
	3. 易形成焊瘤

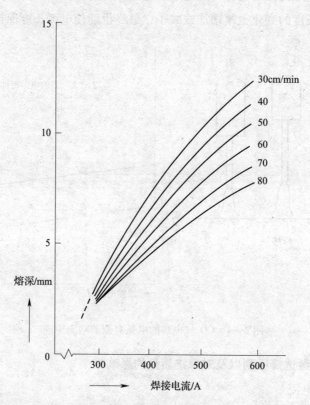

图2—5 焊接电流与熔深的关系

（1）焊丝直径为1.6 mm （2）焊嘴与母材之间的距离为一般作业状态

（2）电弧电压

电弧电压可以看做电弧长度的同义词，它是决定焊道形状的最重要因素。进行电弧焊时，电弧长度的调节可由操作者通过眼睛的观察来进行，但二氧化碳气体保护焊则不然，它只能通过电压调节装置使焊接电源的特性发生变化。当使电弧电压增大时，电弧长度将会变长，可见到焊丝末梢有较大的焊珠形成并掉落；同时，焊道将会变平，如果电压过高，那么熔池将会剧烈沸腾并产生气孔。当使电压降低时，电弧长度将会变短，严重时焊丝将触到母材，并将形成宽度窄且高度较高的焊道。如果电弧电压值适中，将发出"咻咻"的连续音，而当电弧电压过低时，听到的是断断续续的单音。电弧电压对焊接质量的影响见表2—2。

表 2—2	电弧电压对焊接质量的影响
状　态	影　响
电压高	1. 焊道变宽、变扁
	2. 易产生气孔
	3. 电弧不稳定
	4. 易大量飞溅
电压低	1. 焊道凸起且焊缝宽度变窄
	2. 熔深略增加
	3. 焊道形状恶化

同一电流值下电弧电压变化引起的焊道断面形状的变化如图 2—6 所示。

（3）焊接速度

焊接速度与焊接电流和焊接电压同为焊接深度、焊道形状和熔敷金属量等的决定性因素。如果使焊接速度变缓，虽然可以得到大量的熔敷金属，但如果不注意熔化金属的流动状态，那么当熔敷金属流向焊枪前侧时，将发生熔合不良、混入焊渣、产生焊瘤或熔深不好的现象。如图 2—7 所示为焊接速度对焊道成型的影响。

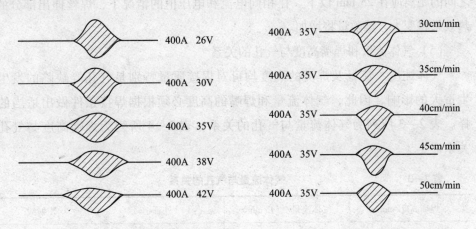

图 2—6　电弧电压变化引起的焊道断面形状的变化　　图 2—7　焊接速度对焊道成型的影响

在半自动焊接中，最好在 30~50 cm/min 的范围内运条及移动焊枪。焊接速度在 60 cm/min 以上时，焊枪瞄准时难以与焊接线一致，并难以观察熔池状态。

（4）焊嘴与母材之间的距离

焊嘴与母材之间的距离（见图 2—8）是决定保护效果、电弧稳定性、焊丝熔融量以及焊接作业性的重要因素。当焊嘴与母材之间的距离较短时，保护效果将得到增强，但焊嘴上容易黏附溅渣，经过较短时间就会使保护效果变差。另外，焊缝的外观将恶化，作业性将变差。

另一方面，当电弧长度较长时，焊接部位的外观将变得漂亮，但容易随风卷入空气。由于焊嘴是给焊丝提供电流的部件，因此，焊嘴与母材之间的距离也会对电弧的稳定性产生重要的影响。特别是在短路过渡焊接方面，焊嘴与母材之间的距离将对电弧的稳定性产生巨大的影响。焊嘴与母材之间的距离由焊丝直径和使用电流所决定，对于短路过渡来说，用肉眼来观测，这一距离最好是焊丝直径的 10 倍左右；对于颗粒过渡，最好是焊丝直径的 15 倍左右。

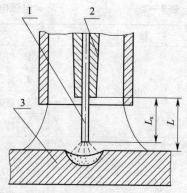

图 2—8　焊嘴与母材之间的距离
1—焊丝　2—焊嘴　3—母材
L_s—焊丝伸出长度　L—焊嘴至母材间的距离

对于短路过渡来说，如果焊嘴与母材之间的距离变大，则短路次数将减少，电弧将变得不稳定。在球形弧的大电流区域，当这一距离发生变化时，电流、电压将发生变化，对焊道的宽度、熔深也将产生巨大的影响。在一般作业中，焊嘴与母材之间的距离应在 25 mm 以下。在相同电流和电压值的情况下，焊丝伸出部分的预热效果将变大，熔敷量将增加。

（5）气体流量和焊嘴高度与气孔的关系

气体纯度、流量及焊嘴的高度均可对焊接质量特别是气孔等缺陷的发生产生重大的影响，因此，气体流量和焊嘴的高度必须根据焊接条件做出适当的选择。表 2—3 所列为气体流量与气孔的关系，表 2—4 所列为焊嘴高度与气孔的关系。

表 2—3　　　　　　　　　　　　气体流量与气孔的关系

焊嘴高度/mm	气体流量/（L/min）	外观	X 射线
20	25	良好	良好
	20	良好	良好
	15	良好	良好
	10	不良	不良
	5	不良	不良

表 2—4　　　　　　　　　　焊嘴高度与气孔的关系

焊嘴高度/mm	气体流量/（L/min）	外观	X 射线
10		良好	良好
20		良好	良好
30	20	不良	不良
40		不良	不良
50		不良	不良

三、二氧化碳气体保护焊左焊法与右焊法的特点

1. 焊枪的角度

焊枪角度分为行走角（也叫引导角）β 与作业角 α。行走角是指焊枪与焊接线形成的角度。作业角用焊枪与焊接接头方向上并排立着的垂直平面之间的角度来表示，如图 2—9 所示。

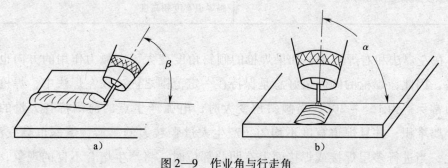

图 2—9　作业角与行走角

a）行走角　b）作业角

2. 焊枪的行走方法与作业性

焊枪的行走方法可以分为左焊法和右焊法。左焊法多用于二氧化碳气体保护焊和使用实心焊丝的 MIG 焊。右焊法多用于焊条电弧焊等焊渣生成量多的焊接方法，如图 2—10 所示。

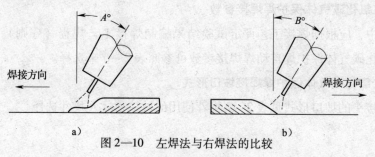

图 2—10　左焊法与右焊法的比较

a）左焊法　b）右焊法

二氧化碳气体保护焊一般采用左焊法，但由于右焊法也具有很好的特性，因而可以通过对两者的区别使用来提高作业效率及焊接质量。表2—5所列为左焊法与右焊法的比较。在对直径较小的焊丝中通以大电流的二氧化碳气体保护焊中，电弧的指向性强，如果使焊丝倾斜，电弧力将作用在该方向上，将其称为电弧的硬直性，也叫电弧的挺度。

表2—5 左焊法与右焊法的比较

左焊法	右焊法
焊接线清晰，可以准确运条	焊接线被焊嘴遮盖，难以看见焊接线
焊道高度低，形成平坦焊道	可以获得高度略高、宽度较窄的焊道
飞溅物较多，向行走方向分散	飞溅物产生量小于左焊法
熔敷金属在电弧前端，导致熔深较浅	熔敷金属在电弧后，可获得较深的熔深
可以获得稳定的焊道形状	难以获得稳定的焊道，但焊道形状清晰，易控制焊道宽度和高度

在左焊法和右焊法中，如果焊枪的倾斜角度变大，电弧力作用的方向也会倾斜，因此，焊枪的倾斜最好总是保持在一定范围之内。在左焊法中，焊枪角度通常保持为15°～20°，当倾斜角变大时，电弧产生点的前侧将有大量的熔化金属堆积，并且焊道宽度不均匀，产生大量颗粒大的溅渣，熔深也会变浅。因此，当进行多层焊接或焊接面上有凹凸部位时，将产生熔合不良的现象，在坡口内的焊接中将产生坡口根部边缘熔深不足的现象。右焊法的焊枪倾斜度也应保持为15°～20°。当该角度变大时，焊道形状将变得凸起，易产生咬边现象。

四、二氧化碳气体保护焊焊接参数以及坡口形式的选择

1. 二氧化碳气体保护焊焊接参数

生产中，应根据焊接工艺评定试验结果编制焊接工艺规程（守则）来指导生产，二氧化碳气体保护焊自动焊焊接参数可参照表2—6来选择。

2. 二氧化碳气体保护焊焊接坡口形式

对接接头的坡口形式见表2—7推荐使用的坡口形式及尺寸选择。

表 2—6　　　　　　　　　　　二氧化碳气体保护焊焊接参数（自动焊）

接头形式	母材厚度/mm	坡口形式	焊接位置	垫板	焊丝直径/mm	焊接电流/A	电弧电压/V	气体流量/(L/min)	自动焊焊速/(m/h)	极性
对接接头	1~2		F	无	0.5~1.2	35~120	17~21	6~12	18~35	直流反接
			F	有		40~150	18~23		18~30	
			V	无	0.5~0.8	35~100	16~19	8~15	—	
	2~4.5	I 形	F	无	0.8~1.2	100~230	20~26	10~15	20~30	
				有	0.8~1.6	120~260	21~27			
			V	无	0.8~1.0	70~120	17~20		—	
	5~9		F	无	1.2~1.6	200~400	23~40	15~20	20~42	
				有		250~420	26~41	15~25	18~35	
	10~12		F	无	1.6	350~450	32~43	20~25	20~42	
	5~40	单边 V 形	F	无	1.2~1.6	200~450	23~43	15~25	20~42	
				有		250~450	26~43	20~25	18~35	
			V	无	0.8~1.2	100~150	17~21	10~15	—	
			H	无		200~400	23~40	15~25		
	5~50	V 形	F		1.2~1.6	200~450	23~43	15~25	20~42	
				有		250~450	26~43	20~25	18~35	
			V		0.8~1.2	100~150	17~21	10~15	—	
	10~80	K 形	F		1.2~1.6	200~450	23~43	15~25	20~42	
			V		0.8~1.2	100~150	17~21	10~15	—	
			H	无	1.2~1.6	200~400	23~40	15~25		
	10~100	X 形	F			200~450	23~43		20~42	
			V		1.0~1.2	100~150	19~21	10~15	—	
	20~60	U 形	F		1.2~1.6	200~450	23~43	20~25	20~42	
	40~100	双 U 形								

注：焊缝位置代号，F——平焊位置；V——立焊位置；H——横焊位置。

表2—7 推荐的半自动或自动二氧化碳气体保护焊对接接头坡口形式（摘自机械行业标准 JB/T 9186—1999《二氧化碳气体保护焊工艺规程》）

序号	适用板厚/mm	接头形式	坡口形式	坡口尺寸/mm									焊缝形式	焊缝尺寸/mm
				δ	b	c	d	L	P	R	α /(°)	β /(°)		
5	5~40	对接接头	单边V形	5~10	2~4				0~2		30~40			—
				>10~20	4~6				0~3		30~50			
				>20~40	6~7				0~3		45~50			
6	5~50	对接接头	V形	5~10	0~2				0~3		45~50			$S \geq 0.7\delta$
				>10~20					0~5		45~60			
				>20~50							50~60			
7	5~50	对接接头	V形	5~10	2~4				0~2		35~45			—
				>10~20	4~5				0~3		35~50			
				>20~50	5~6						50~60			
8	30~60	对接接头	U形	30~60	0~2				0~5		60~70	10~12		—

续表

序号	适用板厚/mm	接头形式	坡口形式	坡口尺寸 /mm							坡口尺寸 /(°)		焊缝形式	焊缝尺寸/mm
				δ	b	c	d	L	P	R	α	β		
9	≥20	对接接头	U形	20~60	0~2				2~5	8~12	—	10~12		—
10	10~80		K形	10~20	0~3				0~5		40~45			—
				>20~40							40~60			
				>40~80					0~7		50~60			
11	10~100		X形	10~20	0~2				0~5		45~50			—
				>20~40							45~60			
				>40~80					0~7		50~60			
12	≥40		双U形	40~100	0~2				2~7	8~12	—	10~12		—

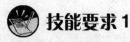

技能要求1

厚度 $\delta = 12$ mm 低碳钢（低合金钢）钢板 CO_2 对接横焊（实心焊丝）

一、操作准备

1. 材料准备

（1）低碳钢

钢板：Q235B 钢，250 mm × 150 mm × 12 mm，两块。

焊丝：ER49—1 型，$\phi1.2$ mm。

（2）低合金钢

钢板：Q345B 钢，250 mm × 150 mm × 12 mm，两块。

焊丝：ER50—6 型，$\phi1.2$ mm。

2. 设备

NBC—500 型焊机、CG1—30 型半自动火焰切割机。

3. 工具

角磨机、敲渣锤、钢直尺、钢丝刷等。

4. 劳动保护用品

防护眼镜、手套、工作服、防护皮鞋等。

二、操作程序

1. 坡口制备

钢板的坡口采用半自动火焰切割机加工，坡口面角度为 30°±2°，钝边为 0 ~ 1.0 mm（打磨得到），坡口底边直线度误差小于 1/100 mm，如图 2—11 所示为钢板坡口与组对间隙。

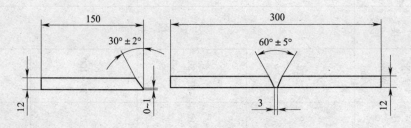

图 2—11　钢板坡口与组对间隙

2. 连接焊机

实心焊丝二氧化碳气体保护焊采取直流反接，即被焊工件接负极。

安装好焊丝以及与焊丝相匹配的焊嘴，调整好焊机，准备焊接。

3. 组装与点焊

（1）打磨

打磨坡口焊接区以及焊缝正面 20 mm、背面 10 mm 区域，要求无铁锈、毛刺、油污等影响焊接质量的异物并可见金属光泽，将坡口根部打磨出 0 ~ 1.0 mm 的钝边。

（2）点焊

调整间隙，一端为 2.5 mm，一端为 3.0 mm，保证钢板错边量在 1.0 mm 以内。采取直接点焊法，在坡口两端内侧直接点焊，焊道长 5 ~ 10 mm，要求无可见缺陷，背面成型良好。

（3）反变形

设置反变形量为 2° ~ 3°，设置方法与焊条电弧焊一致，可按第 1 章图 1—19 所示的要求来执行。

4. 焊接

（1）焊道布置

采取三层六道，如图 2—12 所示。一层一道打底，一层二道填充，一层三道盖面，按 1 ~ 6 的顺序完成焊接。

（2）焊接参数

焊接参数的选择见表 2—8。

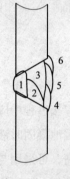

图 2—12　焊道布置

表 2—8　　　　　　　　　　焊接参数的选择

焊接层次	焊丝牌号直径/mm	保护气体	焊接电流/A	电弧电压/V	气体流量/(L/min)	伸长量/mm
打底层	ER49—1 型 φ1.2	CO_2	100 ~ 120	20 ~ 22	15 ~ 20	15 ~ 20
填充层			170 ~ 190	21 ~ 24		
盖面层			160 ~ 180	20 ~ 23		

（3）焊件固定

将焊件固定在焊接练习支架上，如图 1—7 所示，间隙小的一端在左侧。

（4）焊接

焊接采取右焊法，即从左至右焊接。实心焊丝在引弧时采取的是接触引弧法，即开始焊接前先要调整好焊丝的伸长量为 15 mm（每次焊接引弧前都要将焊丝前端剪掉一段，以除去焊丝前部的熔球，使引弧可以顺利进行），然后将焊丝的端部顶在即将引弧部位，按下焊枪上微动焊接开关，引弧成功即可开始焊接。

1）打底焊。在焊件左侧定位焊道上引弧，快速将电弧拉至点焊焊道前端，稍作停留，使其形成熔孔，开始以行走角朝行走方向倾斜5°~10°，作业角朝焊接线下倾斜5°~10°运条方式焊接，如图2—13所示。焊接过程中，应使坡口上端熔化1 mm、下端熔化0.5 mm左右，焊接过程中尽可能保持熔孔尺寸不变，按如图2—14所示斜椭圆形或锯齿形方式进行运条，运条过程中，在上坡口停留时间应比下坡口略长。

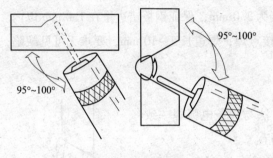

焊接方向

图2—13　焊枪角度　　　　　　　　图2—14　运条形式

焊接过程中应仔细观察熔池，防止熔池温度过高，出现背部塌陷形成焊瘤，或背部熔池凝固时液态金属不足导致凹陷或未熔透。在焊接过程中，如果出现熔池温度过高，可采用与焊条电弧焊一样的断弧方法来降低熔池温度（对于二氧化碳气体保护焊，不同焊机有不同的控制方法，有的焊机需设置点动送丝，此时只有按住微动开关才送丝，松开就停止送丝，有的没有该功能，其本身就是只有按住微动开关才开始焊接送丝）。当采用该方法时，断弧后，焊枪不要动，当通过焊接防护帽看见熔池温度下降呈现暗红色时马上按动微动开关在原处引弧，重新开始按原方法焊接。

焊接过程中如果断弧，需要进行冷接头时，必须按原来焊接时的方法引弧开始焊接，如果接头较高，还应打磨至缓坡状后再开始焊接。

2）填充焊。开始之前首先应清理干净打底层焊接所留下的焊渣，必要时还应用砂轮打磨焊道高出部分。然后，调节好焊接参数。

焊枪角度与打底层焊接一样，也可适当加大作业角，如图2—15所示，运条方式可采用与打底层焊接一样，但一般采取直线运条方式，即焊枪不做任何摆动，从左至右开始焊接。开始焊接第一道焊道时，焊丝指向打底层焊道与下坡口结合处上2 mm左右，焊接时注意观察焊道成型，特别是焊道下边缘位置应距下坡口棱边

1 ~ 2 mm，千万不可熔化下坡口棱边（由焊接速度来控制）。第二条焊道焊丝指向上一焊道上边缘下 2 ~ 3 mm 处，焊枪角度与打底层焊接角度相同，焊接时注意观察焊道成型，焊道上边缘位置应距上坡口棱边 1 ~ 2 mm，下边缘应均匀覆盖上一焊道 1/3 ~ 1/2，保证上下两条焊道的有机结合，尽量使两条焊道之间的沟不要太深。

　　3）盖面焊。开始焊接前应清理干净填充层焊接所留下的焊渣，必要时还应用砂轮打磨焊道高出部分。然后，调节好焊接参数。

　　焊枪角度如图 2—16 所示，运条方式采取直线运条方式，即焊枪不做任何摆动，从左至右开始焊接。开始焊接焊道 4 时，焊丝指向焊道 2 与下坡口结合处上 2 mm 左右，焊接时注意观察焊道成型，特别是焊道下边缘位置应熔化下坡口棱边 1 ~ 2 mm（由焊接速度来控制）。焊道 5 焊丝指向焊道 4 上边缘下 2 ~ 3 mm 处，焊枪角度与焊道 4 焊接角度相同，焊接时注意观察焊道成型，下边缘应均匀覆盖上一焊道 1/3 ~ 1/2，保证上下两条焊道的有机结合，尽量使两条焊道之间的沟不要太深。焊道 6 焊丝指向上坡口边缘下 1 ~ 2 mm 处，焊接时注意观察焊道成型，下边缘应均匀覆盖上一焊道 1/3 ~ 1/2，保证上下两条焊道的有机结合，尽量使两条焊道之间的沟不要太深，上边缘应熔化上坡口棱边 1 ~ 2 mm。

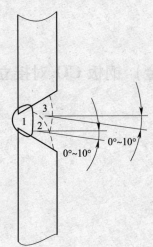
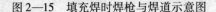
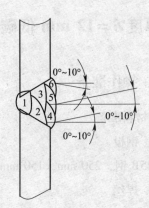

图 2—15　填充焊时焊枪与焊道示意图　　图 2—16　盖面焊时焊枪与焊道示意图

5. 清理

　　焊接完成后对焊缝区域进行彻底清理，要求对焊接附着物如焊渣、飞溅等彻底清除干净，必要时可用扁铲等工具清理大的飞溅物，但是要注意不能留下扁铲剔过的痕迹。清理之前，焊件要经自然冷却，非经允许，不可将焊件放在水中冷却。清理过程中要注意安全，防止烫伤、砸伤以及飞渣入眼。

三、注意事项

横焊时易出现的问题及对策见表2—9。

表2—9 横焊时易出现的问题及对策

缺陷名称	产生原因	排除方法
气孔	焊丝及焊接区表面有铁锈或油污	更换焊丝，清理焊件表面
	焊接场地风速过大	停止焊接或采取防护措施
	保护气不合格或气路有问题	更换合格气体，检修保护气
飞溅	焊接参数不匹配	调整焊接参数
	焊枪角度不良	调整焊枪角度
咬边	焊接参数不匹配，焊枪角度不良	调整焊接参数、焊枪角度
焊瘤	焊接参数不匹配	调整焊接参数
	焊接速度过慢	调整焊接速度
	焊枪角度不良	调整焊枪角度
	熔池过热	注意焊接手法与运条角度

技能要求2

厚度 $\delta = 12$ mm 低碳钢（低合金）钢板 CO_2 对接立焊

一、操作准备

1. 材料准备

（1）钢板

Q345B 钢，250 mm × 150 mm × 12 mm，两块。

（2）焊丝

E501T-1，ϕ1.2 mm。

2. 设备

焊机 NBC—500、半自动火焰切割机 CG1-30。

3. 工具

角磨机、敲渣锤、钢直尺、钢丝刷等。

4. 劳动保护用品

防护眼镜、手套、工作服、防护皮鞋等。

二、操作程序

1. 坡口制备

钢板坡口加工采取半自动火焰切割机加工方式，坡口面角度 30°±2°，钝边 0~1.0 mm（打磨得到），坡口底边直线度误差 1/100，如图 2—17 所示。

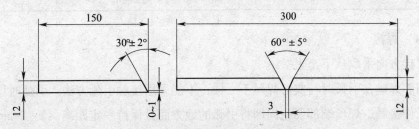

图 2—17　钢板坡口与组对间隙

2. 连接焊机

药芯焊丝二氧化碳气体保护焊一般采取直流反接，即被焊工件接负极。

安装好焊丝以及与焊丝相匹配的导电嘴，调整好焊机，准备焊接。

3. 组装与点焊

（1）打磨

坡口焊接区以及焊缝正面 20 mm、背面 10 mm 内无铁锈、毛刺、油污等影响焊接质量的异物并可见金属光泽，将坡口根部打磨出 0~1.0 mm 的钝边。

（2）点焊

调整间隙，一端为 2.5 mm，一端为 3.0 mm，保证钢板错边量在 1.0 mm 以内。采取直接点焊法，在坡口两端内侧直接点焊，焊道长 5~10 mm，要求无可见缺陷，背面成型良好。

（3）反变形

设置反变形量为 2°~3°，可按第 1 章中图 1—19 的要求来执行。

4. 焊接

（1）焊道布置

采取三层三道，如图 2—18 所示，按 1~3 顺序完成。

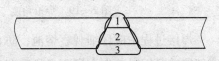

图 2—18　焊道布置

（2）焊接参数

焊接参数按表 2—10 设置。

（3）焊件固定

将焊件固定在焊接练习支架上，如图 1—7 所示，间隙小的一端在下端。

表 2—10　　　　　　　　　　　　焊接参数

焊接层次	焊丝牌号、直径/mm	保护气体	焊接电流/A	电弧电压/V	气体流量/（L/min）	伸长量/mm
打底层	E501T—1 ϕ1.2	CO_2	100～120	19～21	15～20	15～20
填充层			150～180	23～25		
盖面层			140～170	22～24		

（4）焊接

焊接方向采取从下至上。

药芯焊丝在引弧时与实心焊丝不一样，不能采用接触引弧方法。引弧时焊丝不能与工件接触，焊丝端部要指向即将引弧的地方而且保持一定距离（1～2 mm，不接触即可），按下焊枪上微动焊接开关，引弧成功开始焊接。其他与实心焊丝要求一样。其实药芯焊丝二氧化碳气体保护焊与实心焊丝二氧化碳气体保护焊焊接方法基本一致，而且药芯二氧化碳气体保护焊焊接电弧更稳定，飞溅也小，也更易成型。

1）打底焊。在焊件下端定位焊道上引弧，快速将电弧拉至点焊焊道前端，稍作停留，使其形成熔孔，开始以行走角（引导角）85°～90°、作业角90°运条方式焊接，如图 2—19 所示。焊接过程中，应使坡口两边熔化 0.5～1 mm，焊接过程中尽可能保持熔孔尺寸不变，按如图 2—20 所示锯齿方式进行运条，运条过程中，在坡口两侧做适当停留。

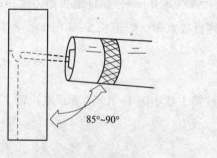

85°～90°

图 2—19　焊枪角度　　　　图 2—20　运条形式

焊接过程中应仔细观察熔池，防止熔池温度过高，出现背部塌陷形成焊瘤，或背部熔池凝固时液态金属不足导致凹陷或未熔透。在焊接过程中，如果出现熔池温度过高，也可采用与手弧焊一样的断弧方法来降低熔池温度。当采用该方法时，断弧后，焊枪不要动，当通过焊接防护帽看见熔池温度下降呈现暗红色时马上按动微动开关在原处引弧重新开始按原方法焊接。

焊接过程中，要特别注意的是，焊枪的左右锯齿形摆动应是整个焊枪左右平移，而不是只有焊枪头摆动，只有这样才能始终保持焊接时的作业角为90°，否则易造成咬边或焊道凸起，左右摆动速度要均匀，上升幅度（节距）要合适。

焊接过程中如果断弧，需要进行冷接头时，必须按原来焊接时的方法引弧开始焊接，如果接头较高，还应打磨至缓坡状后再开始。

2）填充焊。开始之前首先应清理干净打底层焊接所留下的焊渣，必要时还应用砂轮打磨焊道高出部分。然后，调节好焊接参数。

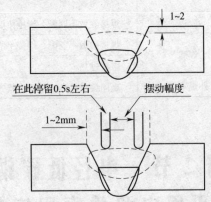

图2—21 填充焊时焊枪运条幅度与焊道示意

焊枪角度与打底层焊接一样，按如图2—21所示运条幅度，在焊接过程中，应在两侧做0.5 s左右的停留，使焊道两侧与坡口边缘熔合良好，同时保证焊完后填充焊道比坡口边缘低1～2 mm，且不得破坏坡口棱边。

3）盖面焊。开始之前首先应清理干净填充层焊接所留下的焊渣，必要时还应用砂轮打磨焊道高出部分。然后，调节好焊接参数。

焊枪角度以及运条方式与填充焊时一样，摆动幅度要比填充焊时大，摆动幅度一般比坡口宽度小1～2 mm（以使焊道两边比坡口边缘大0.5～1 mm），两边停留1 s左右，以防止咬边或未熔合，同时向上运条节距应保持在2 mm以下且均匀，从而得到合格、美观的焊道。

5. 清理

焊接完成后对焊缝区域进行彻底清理，要求对焊接附着物如焊渣、飞溅等彻底清除干净，必要时可用扁铲等工具清理大的飞溅物，但是要注意不能留下扁铲剔过的痕迹。清理之前，焊件要经自然冷却，非经允许，不可将焊件放在水中冷却。清理过程中要注意安全，防止烫伤、砸伤以及飞渣入眼。

6. 检验

焊接完成后，主要进行外观质量检验以及外观尺寸检验。

三、注意事项

立焊时易出现的问题及对策见表2—11。

表2—11　　　　　　　　立焊时易出现的问题及对策

缺陷名称	产生原因	排除方法
气孔	焊丝及焊接区表面有铁锈或油污	更换焊丝，清理焊件表面
	焊接场地风速过大	停止焊接或采取防护措施
	保护气不合格或气路有问题	更换合格气体，检修保护气
飞溅	焊接参数不匹配	调整焊接参数
	焊枪角度不良	调整焊枪角度
咬边	焊接参数不匹配，焊枪角度不良	调整焊接参数、焊枪角度
焊瘤	焊接参数不匹配，焊接手法不良	调整焊接参数，规范焊接手法
	熔池过热	注意焊接手法与运条角度
外观不良	凝固纹路不良，边缘不整齐	运条幅度与节距均匀合适

第2节　中径低碳钢管或低合金钢管对接水平固定和垂直固定的二氧化碳气体保护焊

 学习目标

➢ 掌握水平、垂直固定钢管二氧化碳气体保护焊焊接操作要领。

 知识要求

由于中等直径的钢管焊接操作要领基本一样，这里直接结合实例讲解，详见下面的技能要求。

 技能要求1

水平固定中等管径对接钢管的二氧化碳气体保护焊焊接

一、操作准备

1. 材料准备

（1）钢管

20 钢，ϕ108 mm×12 mm×100 mm。

（2）焊丝

ER50—6，ϕ1.2 mm。

2. 设备

焊机 NBC – 500。

3. 工具

角磨机、敲渣锤、钢直尺、钢丝刷等。

4. 劳动保护用品

防护眼镜、手套、工作服、防护皮鞋等。

二、操作程序

1. 坡口的制备（车床加工）

钢管的坡口加工采取车床加工方式，坡口面角度 30°±2°，钝边 0~1.5 mm，坡口端面与钢管轴线垂直度误差在 1/100 mm 以内。

2. 组装与点焊

（1）打磨

坡口焊接区以及焊缝正面 20 mm、背面 10 mm 内无铁锈、毛刺、油污等影响焊接质量的异物并可见金属光泽。

（2）调整间隙

组对间隙 3.0 mm。组装方法与焊条电弧焊焊接钢管时一样，如图 2—22 所示。

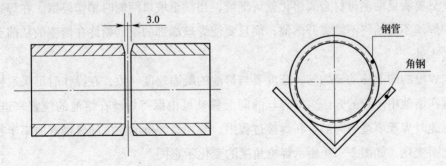

图 2—22 钢管对接组装方法

（3）点焊

采取直接点焊法，焊道长 5~10 mm，焊缝厚度不可过大，一般最大不应超过 2.5 mm，要求无可见缺陷，背面成型良好，两端呈缓坡状，必要时可打磨得到。点焊位置与焊条电弧焊焊接相应项目一样，即点焊后马上使用的可只点焊两处，成 120°分布，与点焊处成 120°的另一处为起始焊接位置（相当于 6 点钟位置）。

3. 焊接要点

（1）焊道布置

一般采用 3 层 3 道。每 1 层由 1 道焊道组成。焊道布置如图 2—23 所示。

图 2—23 3 层 3 道焊道布置

焊接参数的选择见表 2—12。

表 2—12 　　　　　　　　　管对接水平固定焊参数

焊接层次	焊丝牌号、直径/mm	保护气体	焊接电流/A	电弧电压/V	气体流量/（L/min）	伸长量/mm
打底层	ER50—6 ϕ1.2	CO_2	100～120	18～20	10～15	15～20
填充层			110～130	19～21		
盖面层			100～120	18～21		

（2）试件的固定

将 6 点钟位置作为起焊点，3、9 点钟位置为点焊位置。焊接时将整个试件以垂直中心线（0、6 点钟连线）分为两个半周，以 6 点钟到 0 点钟（逆时针）为前半周，另一半（顺时针）为后半周。

（3）打底焊

在 6 点钟位置后 5～10 mm 处坡口面上引弧后开始焊接，焊枪做小幅锯齿形摆动，只要看见两侧母材金属熔化就可继续，当摆至坡口两侧时稍作停留。在焊接过程中焊丝不仅始终不能离开熔池，而且要使焊丝端部的摆动始终在熔池的从前到后的 1/3 处。

焊枪的向上移动要均匀，速度要与熔池的凝固速度一致，在操作时可采取控制焊丝在熔池中位置的方法，即焊丝的向上移动可由保持焊丝在熔池的位置来进行，注意此时焊丝要适当向前。在焊接过程中，要注意焊枪的角度随着钢管曲率半径的变化而变化，如图 2—24 所示焊枪角度的变化示意图。

焊接仰焊及仰焊爬坡位置时，易产生内凹、未焊透、夹渣等缺陷，焊接时应尽量压低电弧，以最短的电弧向上顶送，电弧要透过钢管内壁约 1/2，熔化坡口根部两侧形成熔孔。焊枪摆动幅度要小，向上运条速度要小且均匀，并随着钢管位置的不同随时调整焊枪角度，以防止熔池熔化金属下坠而在焊缝背部形成内凹或正面出现焊瘤。

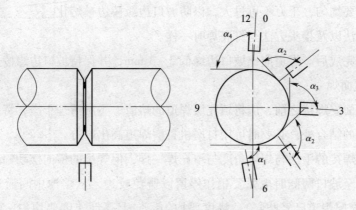

图 2—24　焊枪角度变化示意图

$\alpha_1 = 80° \sim 85°$　　$\alpha_2 = 90° \sim 100°$　　$\alpha_3 = 90° \sim 95°$　　$\alpha_4 = 90° \sim 95°$

焊接过程中，当遇到点焊处时应注意不要停止焊接，只要采用正常焊接手法，焊接速度比正常焊接稍快即可。

开始焊接时，要注意焊枪的角度以及焊枪的移动速度，此时要特别注意观察熔池的温度情况，当发现熔池温度过高，有向下淌的趋势时，可熄弧但保持焊接姿势不变，当通过焊接防护帽观察到熔池温度下降即熔池变为暗红色时，再按动微动开关，在熄弧处重新引弧按原操作手法开始正常焊接，以确保焊缝正反面的成型。

后半周开始焊接前，应先将前焊道始、末焊处清理干净，必要时用砂轮将其打磨出缓坡状。

在前半周引弧缓坡处开始焊接，引弧时可在准备开始焊接处前 5 mm 引弧，引弧后迅速将电弧拉长，利用拉长电弧看清即将开始焊接处后按正常焊接手法开始做小锯齿形摆动焊接，该方法成功的关键就是引弧、拉长电弧、看清位置、摆动以及摆动的幅度要在 $1 \sim 1.5$ s 内完成。后半周焊接方法与前半周一样。

收弧时应注意，在封闭接头中焊过缓坡状接头区时，适当拉长电弧，在熔池上采取划圆方式 $1 \sim 2$ 圈或采用断续送丝方法点几下填满弧坑即可。

（4）填充焊

开始填充层焊接之前，应将打底层焊道的熔渣、飞溅清理干净，特别是焊道与坡口面之间的结合处，必要时可用磨光机打磨焊道高出部分。

填充层焊接时与打底焊一样也分为两个半周完成。焊枪角度与打底焊相同，运条方法采取的是锯齿形或 ∞ 形运条方式，注意摆动时焊丝同样应保持在熔池中，而且主要在熔池的前半部，同时摆动速度在熔池中要快，在两边时稍有停留，同时注意摆动幅度要均匀，千万不可过大，以防坡口边缘棱边被熔化。

引弧方法以及接头方法与打底焊时一样。

填充焊完成后。焊道应比坡口边缘低2～3 mm，并保持坡口边缘棱边的完整。

（5）盖面焊

开始盖面层焊接之前，应将填充层焊道的熔渣、飞溅清理干净，特别是焊道与坡口面之间的结合处，必要时可用打磨机打磨焊道高出部分。

盖面层焊接的手法与焊枪角度与填充焊一样，但焊枪的横向摆动幅度要均匀且稍大，当摆至坡口两侧时电弧要稍作停留以避免咬边，从熔池中间通过速度要快（特别是填充层焊道已经凸起）、幅度要均匀，向上移动速度要均匀，而且节距要小（要达到这一点，可加大焊枪摆动速度），以得到良好的外观。

封闭接头方法与填充焊时一样。

4. 清理

焊接完成后对焊缝区域进行彻底清理，要求对焊接附着物如焊渣、飞溅彻底清除干净，必要时可用扁铲等工具清理大的飞溅物，但是要注意不能留下扁铲剔过的痕迹。清理之前，焊件要经自然冷却，非经允许，不可将焊件放在水中冷却。清理过程中要注意安全，防止烫伤、砸伤以及飞渣入眼。

5. 检验

检验项目、方法可参见第1章第4节学习单元2中的检验内容。

三、注意事项

虽然一般实习、实际工作都会习惯采用直接点焊法，但有时由于装配的需要，以及为了减少焊接缺陷产生的机会也会采用钢板连接法（一般对于焊接可能会引起较大变形时的连接板在整个焊接过程中都不会敲去，此时连接板会在焊缝上端切割成一个月牙形，其弦高一般为30～40 mm，弦长是坡口宽度的3～5倍，这样的连接板俗称"马"板）。二氧化碳焊接，特别是钢管对接由于采用一般钢板连接点焊法会导致后焊区域间隙变小，所以经常等到打底焊结束后才敲去"马"板，此时焊接时应注意在"马"板处的收弧与引弧，收弧时应将焊枪倾斜一定角度，使熔池穿过"马"板，接头时又要倾斜一定角度，以得到完整接头，接头完成后恢复正常焊接角度。

四、易产生的缺陷及对策

水平固定管对接二氧化碳气体保护焊焊接易产生的缺陷及对策见表2—13。

表 2—13   易产生的缺陷及对策

缺陷名称	产 生 原 因	排 除 方 法
未焊透	焊接手法不良	注意焊接手法
	焊接速度过快	注意与熔池凝固速度一致
未熔合	坡口两侧未停留或时间短	增加停留时间
	焊枪角度不良或速度快	调整焊枪角度、降低焊接速度
咬边	焊枪摆动幅度不匀	焊枪摆动幅度要控制在熔池内
	焊枪角度不良	调整焊枪角度
	焊接参数不匹配，电压过低电流过大	适当增大电弧电压，减小焊接电流
焊瘤	焊接参数不匹配、焊接手法不良	调整焊接参数、规范焊接手法
	熔池过热	注意焊接手法与运条速度
外观不良	凝固纹路不良，边缘不整齐	调整运条幅度与节距均匀合适
	接头过高	引弧后，利用电弧光看清接头处，快速接头，控制好焊枪摆动幅度

 技能要求2

垂直固定中等管径对接钢管的二氧化碳气体保护焊

一、操作准备

1. 材料准备

（1）钢管

20 钢，ϕ108 mm × 12 mm × 100 mm。

（2）焊丝：ER49 - 1，ϕ1.2 mm。

2. 设备

焊机 NBC - 500。

3. 工具

角磨机、敲渣锤、钢直尺、钢丝刷等。

4. 劳动保护用品

防护眼镜、手套、工作服、防护皮鞋等。

二、操作程序

1. 坡口的制备（车床加工）

钢管的坡口加工采取车床加工方式，坡口角度 30° ±2°，钝边 0～1.5 mm，坡口端面与钢管轴线垂直度误差在 1/100 mm 以内。

2. 组装与点焊

（1）打磨

坡口焊接区以及焊缝正面 20 mm、背面 10 mm 内无铁锈、毛刺、油污等影响焊接质量的异物并可见金属光泽。

（2）调整间隙

组对间隙 3.0 mm。组装方法与电弧焊焊接钢管时一样，如图 2—22 所示。

（3）点焊

采取直接点焊法，焊道长 5～10 mm，焊缝厚度不可过大，一般最大不应超过 2.5 mm，要求无可见缺陷，背面成型良好，两端呈缓坡状，必要时可打磨得到。点焊位置与电弧焊焊接相应项目一样，即点焊后马上使用的可只点焊两处，成 120° 分布，与点焊处成 120° 的另一处为起始焊接位置（相当于 6 点钟位置）。

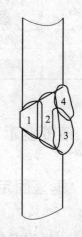

3. 焊接要点

（1）焊道布置

一般采用三层四道。焊道布置如图 2—25 所示。

焊接参数的选择见表 2—14。

图 2—25　焊道布置

表 2—14　　　　　　　　　管对接横焊参数

焊接层次	焊丝牌号、直径/mm	保护气体	焊接电流/A	电弧电压/V	气体流量/（L/min）	伸长量/mm
打底层	ER49-1 $\phi 1.2$	CO_2	100～120	19～22	10～15	15～20
填充层			110～130	20～24		
盖面层			100～120	20～23		

（2）试件的固定

将 6 点钟位置作为起焊点，3、9 点钟位置为点焊位置。焊接时将整个试件以垂直中心线（0、6 点钟连线）分为两个半周，以 6 点钟到 0 点钟（逆时针）为前半周，另一半（顺时针）为后半周。

（3）打底焊

在 6 点钟位置后 5～10 mm 处坡口面上引弧后开始焊接，焊枪做小幅斜锯齿形或斜椭圆形摆动，只要看见两侧母材金属熔化就可继续，当摆至坡口两侧时稍作停留。在焊接过程中焊丝不仅始终不能离开熔池，而且要使焊丝端部的摆动始终在熔池的从前到后的 1/3 处。

　　焊枪的向后移动要均匀，速度要与熔池的凝固速度一致，在操作时可采取控制焊丝在熔池中位置的方法，即焊丝的向后移动可由保持焊丝在熔池的位置来进行，注意此时焊丝要适当向后。在焊接过程中，要注意焊枪的角度保持一致，如图 2—26 所示为焊枪角度示意图。

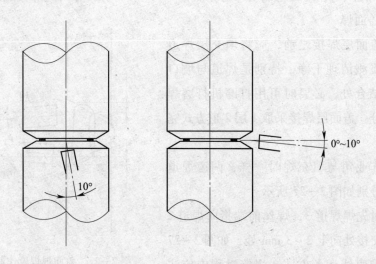

图 2—26　焊枪角度示意图

　　焊接过程中，当遇到点焊处时应注意不要停止焊接，只要采用正常焊接手法，焊接速度比正常焊接快一些，在到达点焊处末端时稍作停留然后再按正常焊接方法焊接即可。

　　在刚开始学习焊接时，焊枪的角度以及焊枪的移动速度都不容易掌握，此时要特别注意观察熔池的温度情况，当发现熔池温度过高，有向下淌的趋势时，可熄弧但保持焊接姿势不变，当通过焊接防护帽观察到熔池温度下降即熔池变为暗红色时，再按动微动开关，在熄弧处重新引弧按原操作手法开始正常焊接，以确保焊缝正反面的成型。

　　收弧时应注意，在封闭接头焊过缓坡状接头区时，适当拉长电弧，在熔池上采取快速划圆方式 1~2 圈或采用断续送丝方法点几下填满弧坑即可。

　　（4）填充焊

　　开始填充层焊接之前，应将打底层焊道的熔渣、飞溅清理干净，特别是焊道与坡口面之间的结合处，必要时可用磨光机打磨焊道高出部分。

　　填充层焊接时焊枪采取与打底焊相同的角度，运条方法一样采取斜锯齿形或斜椭圆形运条方式，注意摆动时焊丝同样应保持在熔池中，而且主要在熔池的前半部，摆动速度在熔池中要快，在上坡口边比下坡口时停留时间要稍大，同时注意摆动幅度要均匀，千万不可过大，以防坡口边缘棱边被熔化。

引弧以及接头方法与打底焊时一样。同时注意开始焊接点要与打底焊时错开10 mm以上，如果中间有接头也要错开10 mm以上。

填充焊完成后，焊道应比坡口边缘低2～3 mm，并保持坡口边缘棱边的完整。

（5）盖面焊

开始盖面层焊接之前，应将填充层焊道的熔渣、飞溅清理干净，特别是焊道与坡口面之间的结合处，必要时可用打磨机打磨焊道高出部分。盖面层焊接采取1层2道方式完成。

焊枪作业角与填充焊时一样，两道焊道的作业角分别如图2—27所示。

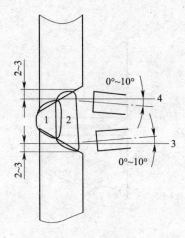

图2—27　盖面焊焊枪作业角

焊接时先焊焊道3，焊丝前端指向焊道2与下坡口交接处向上2～3 mm处，如图2—27所示，采取直线运条方式。焊接过程中应注意焊丝要与填充焊时一样始终在熔池前端1/3处，移动时不要让焊丝跑出熔池，在观察控制熔池成型的同时，用眼睛余光注意熔池凝固时形成焊道的下边缘，保证熔化下坡口边缘1～1.5 mm，并使焊道下边缘成直线，焊道的上边缘距上坡口与填充焊道交接处2～3 mm为最佳。

再焊接焊道4，焊丝前端指向焊道2与上坡口交接处向下2～3 mm处，如图2—27所示，采取直线运条方式。焊接过程中应注意焊丝要与填充焊时一样始终在熔池前端1/3处，移动时不要让焊丝跑出熔池，在观察控制熔池成型的同时，用眼睛余光注意熔池凝固时形成焊道的下边缘，保证焊道的下边缘与焊道3重叠1/3～1/2，同时熔化上坡口边缘1～1.5 mm，并使焊道上、下边缘成直线。

接头方法与填充焊时一样。但要注意每次接头都不要与上道焊道接头位置相同，一般要错开20～30 mm为宜。

4. 清理

焊接完成后对焊缝区域进行彻底清理，要求对焊接附着物如焊渣、飞溅彻底清除干净，必要时可用扁铲等工具清理大的飞溅物，但是要注意不能留下扁铲剔过的痕迹。清理之前，焊件要经自然冷却，非经允许，不可将焊件放在水中冷却。清理过程中要注意安全，防止烫伤、砸伤以及飞渣入眼。

5．检验

检验项目、方法可参见第 1 章第 4 节学习单元 2 中的检验内容。

三、易产生缺陷及对策

垂直固定管对接二氧化碳气体保护焊易产生缺陷及对策可参见"技能要求 1"中表 2—13。刚开始练习时，易出现背部成型不良，以及焊枪角度不好控制导致焊道成型不良，或者在焊接过程中看不清熔池以及熔池凝固（焊道上下边缘）的状态，这些都需要通过练习达到。

第 3 节　低碳钢板或低合金钢板气电立焊

 学习单元 1　低碳钢板或低合金钢板气电立焊焊接

 **学习目标**

➤ 了解气电自动立焊的有关基础知识。

➤ 掌握低碳钢板或低合金钢板气电自动立焊坡口选择与组装要求。

➤ 掌握低碳钢板或低合金钢板气电自动立焊基本操作要领。

 **知识要求**

一、气电立焊相关知识

气电立焊是厚板立焊时，在接头两侧使用成型器具（固定或移动式水冷却块）保持熔池形状，强制焊缝成型的一种电弧焊，通常加 CO_2 气体保护熔池，在使用自保护焊丝时可不加保护气。

气电立焊是一种高效、先进的焊接方法，目前主要应用于船体结构中船舷外板、隔舱壁等立向位置的对接焊，也用于大型钢结构等类似于船体结构垂直位置长焊缝的立焊。

气电自动立焊具有如下特点。

1. 熔敷效率高

当采用 $\phi1.6$ mm 药芯焊丝（380 A 电流）焊接时，其熔敷效率可高达 180 ~ 200 g/min，是焊条电弧焊的 10 倍，是熔化极气体保护焊（MIG）的 5 ~ 6 倍。

2. 焊缝成型美观

焊接过程稳定，质量好，自动化程度高。

3. 操作容易

由于熔池的监视基本自动进行，所以易于操作。

4. 适用范围广

厚度在 9 ~ 32 mm 的钢板，焊接位置为垂直单道对接，或处于相对于水平面的倾角大于 45°位置的焊道焊接。

二、气电立焊设备的组成及应用

1. 气电立焊设备的组成

气电立焊设备主要由焊接小车、精密磁性导轨、摆动机构、焊枪以及水冷铜滑块等组成，并配以 CO_2 焊接电源、送丝机构、冷却水循环装置以及保护气供气装置等。

2. 气电立焊设备的应用

（1）适用行业

气电立焊主要应用于船体结构中船舷外板、隔舱壁等立向位置的对接焊，也用于大型钢结构等类似于船体结构垂直位置单道长焊缝的立焊，或处于相对于水平面的倾角大于 45°位置的焊道焊接。

（2）适用材质

气电立焊与二氧化碳气体保护焊焊接方法适用范围一样，基本只适用于黑色金属。由于气电立焊在造船行业使用较为广泛，其使用的材料 AH 级别的船板不管是化学成分、力学性能还是焊接性能都基本与低合金钢相似，所使用的焊接材料（需要该焊接材料经船级社认可）、焊接设备、焊接参数也一样，所以下面以船板为例进行讲述。表 2—15 是低合金钢 Q345A 与船板 AH32 的化学成分以及力学性能的比较。

（3）板厚范围

板厚范围一般在 9 ~ 32 mm。

表 2—15　　　　　　　　Q345A 与 AH32 的化学成分以及力学性能的比较

| 牌　号 | 化学成分/（%） | | | | | | 力学性能 | |
	C	Mn	Si	P	S	Al	屈服强度（MPa）	抗拉强度（MPa）
Q345A（GB713—2008）	≤0.20	1.20 ~ 1.60	≤0.55	≤0.025	≤0.015	≥0.020	≥325	500 ~ 630
AH32（CCS）	≤0.21	0.70 ~ 1.60	≤0.35	≤0.035	≤0.035	≥0.015	≥315	440 ~ 570

注：CCS 为中国船级社的简称。

根据国际焊接学会推荐碳当量计算公式 $CE（IIW）= w_C + w_{Mn}/6 + （w_{Cr} + w_{Mo} + w_V）/5 + （w_{Ni} + w_{Cu}）/15$ 可以知道两者的碳当量相差无几，焊接性能基本一致。

3. 气电立焊设备使用过程中易产生的故障及排除方法

气电立焊焊接过程中发生的非焊接设备因素故障，可按表 2—16 进行检查、排除。

表 2—16　　　　　　　　焊接过程中故障产生原因及排除方法

（摘自 CB/T 3947—2001《气电自动立焊工艺要求》）

故障种类	产　生　原　因	排　除　方　法
焊丝给送阻力太大或给送不足	1. 电嘴内孔粗糙 2. 在导电嘴端口粘有飞溅 3. 导丝软管弯曲过度 4. 送丝滚轮的压力不足 5. 送丝滚轮的滚轮槽中积有灰尘和碎屑 6. 送丝滚轮磨损	1. 调换导电嘴 2. 清除飞溅或调换导电嘴 3. 改善导丝软管的弯曲状况，使其半径大于300 mm，或调换新的 4. 增大送丝滚轮的压力，但也不宜太大，否则会损坏焊丝 5. 清理滚轮槽 6. 调换新的滚轮
电弧电压不稳定	1. 焊丝给送不平稳 2. 送丝机构的输入电压变化剧烈，引起电弧电压波动 3. 地线连接不牢固 4. 焊接规范不正常，选用的电流、电压不能稳定匹配 5. 坡口不清洁，存在过多的不洁熔渣，引起电弧不稳定 6. 导电嘴导电不良	1. 清除不平稳因素 2. 清除电源电压变化因素 3. 接牢接地线 4. 选用合理的焊接规范，使电流、电压相匹配 5. 清除坡口表面不洁物 6. 更换新导电嘴

续表

故障种类	产生原因	排除方法
焊丝粘在导电嘴上	1. 焊丝给送失常，送丝不平稳 2. 电弧和坡口间距离过近或电弧电压太高 3. 焊丝伸出长度太短	1. 消除送丝不平稳因素 2. 把电弧点移向坡口截面的中心或降低电弧电压 3. 调节焊丝伸出长度
铜滑块移动不畅	1. 工件表面粗糙和铜滑块的压力弹簧太紧，使摩擦力增加 2. 铜滑块成型槽表面粗糙 3. 电弧点偏向铜滑块	1. 清除工作表面锈蚀，并打磨使表面光滑，减小弹簧的压力 2. 修整铜滑块或调换新的 3. 移动电弧点使其处于坡口截面的中心位置
铜滑块熔化	1. 冷却水中断或水流量太小 2. 焊丝落点太偏向铜滑块，使电弧直接位于铜滑块上 3. 焊丝端头频繁抖动	1. 检查并恢复冷却水的供给，保持水流量大于2 L/min 2. 使焊丝大体垂直送进熔池，把电弧发生位置移向坡口截面的中心处 3. 紧固导电嘴，缩短焊丝的伸出长度
导轨经常移位	1. 磁铁表面有铁屑等污物，或工件表面粗糙 2. 铜滑块的压紧弹簧太紧 3. 工件变形弯曲	1. 仔细清洁磁铁表面，除去工件表面所有不平物如装配马脚等 2. 减弱压紧弹簧压力 3. 采取临时调整措施，使导轨与工件接缝线吻合
自动行走工作不正常，熔池升得太高以致溢出	1. 焊丝伸出长度太短 2. 焊丝给送不稳定 3. 导电嘴端口与铜块之间距离太大，即焊炬升得太低或使用了短导电嘴	1. 调整焊丝伸出长度 2. 改善焊丝给送 3. 降低焊炬高度，或采用标准长度导电嘴
自动行走工作不正常，熔池降得太低	1. 焊丝伸出长度太长 2. 导电嘴端口与铜滑块之间的距离太小，即焊炬压得太低或使用了长导电嘴	1. 调整焊丝伸出长度 2. 升高焊炬高度，或采用标准长度导电嘴

三、气电立焊焊接材料及作业环境

焊接材料及辅助材料包括焊丝、衬垫及保护气体等。

1. 焊丝

采用 CO_2 药芯焊丝（符合 GB/T 10045—2001《碳钢药芯焊丝》），但要同时符合 CB/T 3811—1997《船用碳钢药芯焊丝》，即该焊丝被 CCS 认可。

2. 衬垫

采用专用陶瓷衬垫，其质量应符合 CB/T 3715—1995《陶质焊接衬垫》的要求，也可采用水冷式铜衬垫。

3. 保护气体

CO_2 气体，纯度 99.5% 以上，水分含量小于 0.05%，其质量应符合 GB/T 6052—1993《工业液体二氧化碳》中的 I 类或 II 类一级要求。

4. 作业环境要求

气电立焊应在风速小于 3 m/s 的环境下进行。如果在焊接过程中遇到刮风或下雨，应对焊接作业区采取有效的防风、防雨措施或停止作业。

焊接作业环境温度低于 0℃时，应对焊件进行适当的预热。

四、低碳钢板或低合金钢板气电立焊坡口选择与组装要求

1. 坡口形式

气电立焊采用单面 V 形坡口，坡口角度和根部间隙由板厚决定，可按表 2—17 选择，对接接头错边量不大于 1 mm。

表 2—17　坡口形式及尺寸（摘自 CB/T 3947—2001《气电自动立焊工艺要求》）

板厚 δ/mm	坡口角度/（°）	根部间隙 b/mm	坡口形式
9 ~ <12	55^{+5}_{0}	6^{+3}_{-1}	
12 ~ <15	50^{+5}_{0}	6^{+3}_{-1}	
15 ~ <18	45^{+5}_{0}	5^{+3}_{-1}	
18 ~ <23	40^{+5}_{0}	5^{+3}_{-1}	
23 ~ <26	35^{+4}_{0}	5^{+3}_{-1}	
26 ~ <29	30^{+4}_{0}	5^{+3}_{-1}	
29 ~ ≤32	25^{+4}_{0}	5^{+3}_{-1}	

2. 坡口清理

钢板坡口面及坡口边缘两侧至少 30 mm 范围内，清除切割残渣，用砂轮打磨至可见金属光泽，清理影响焊接质量的水、油污等异物以及妨碍正常焊接的障碍物。

3. 组装

组装时，钢板的定位采取的是 π 型定位板（工厂一般叫"马"板或直接叫"马"）定位（相当于前面讲的间接点焊法），一般用的 π 型定位板形状如图 2—28 所示，采用 10 ~ 16 mm 钢板，定位间距为 350 mm。

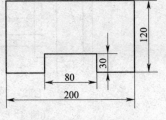

图 2—28　π 型定位板

五、低碳钢板或低合金钢板气电立焊的基本操作及焊接要领

1．焊前检验与准备

（1）焊接前要对焊接设备机械控制机构、气路、水路、电器、焊丝、陶瓷衬垫等进行检验，只有一切正常才能开始焊接。

（2）在坡口反面安装陶瓷衬垫，陶瓷衬垫成型槽中心线应与坡口中心线对正。每个陶瓷衬垫应至少使用两个斜楔加以固定，使陶瓷衬垫贴紧钢板。应防止用力过大导致陶瓷衬垫破碎。每个陶瓷衬垫之间应紧密连接无缝隙。

（3）将导轨安置于焊缝坡口面一侧，并与坡口中心线保持平行。上下导轨之间连接应无缝隙，并用螺钉拧紧，整条导轨的顶端应与工件可靠固定，以防止导轨意外脱落。导轨安装前必须清除钢板及磁铁表面灰尘和脏物。

（4）在焊接坡口正面安放水冷滑块，铜滑块的成型槽应与坡口正面对正，成型槽宽度必须与坡口正面宽度匹配，铜滑块成型槽宽度选择可参考表2—18。铜滑块应保持通气孔清洁、成型槽光滑，且与被焊件顶紧，力度适中。

表2—18　　铜滑块成型槽宽度（摘自 CB/T 3947—2001《气电自动立焊工艺要求》）

坡口宽度	成型槽宽度
17	20
18~21	24
22~25	28
26~29	32
30	36

（5）如图2—29所示调整焊枪角度及位置，并做到以下几点。

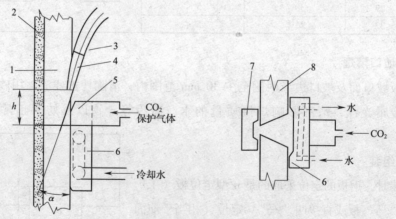

图2—29　焊枪位置示意图（α为焊枪角度）

（摘自 CB/T 3947—2001《气电自动立焊工艺要求》）

1—钢板　2—衬垫　3—焊枪　4—导电嘴　5—保护气体盒　6—铜滑块　7—陶瓷衬垫　8—母材

1）调整焊枪角度 α，使其在垂直位置焊接时，与工件表面成 5°～15°夹角。倾斜立焊时，焊枪角度应相应加大，一般以焊丝尽可能垂直于熔池表面为宜。

2）调整焊枪高度，使导电嘴顶端与铜滑块上保护气体输出口下沿的垂直距离 h 控制在 20～30 mm。

3）调整焊丝落点位置，使焊丝落点从板厚中心部位略向坡口正面偏移，使之处于坡口截面的中心位置。

（6）若钢板较厚，焊接需要焊丝摆动时，还需预先设置好摆动装置的摆幅和两端停留时间。

2. 焊前操作要点

（1）焊接操作开始前应确定焊接工艺规范。气电立焊焊接规范主要有焊接电流、电弧电压、焊丝伸出长度、焊接速度、焊丝角度、焊丝摆动频率及摆幅等。焊接规范的确定：实际生产中应先做焊接工艺评定，通过评定结果制定焊接工艺规程，再按工艺规程指导生产。表 2—19 是 ϕ1.6 mm 焊丝的焊接规范参考。气电立焊焊接规范参数对焊缝成型及焊接质量有很大影响，从表中可以看出焊接规范与被焊工件厚度以及焊接位置有关，表中没有给出焊丝伸长量，应控制在 25～35 mm 范围内。

表 2—19　　　　　　气电自动立焊 ϕ1.6 mm 焊丝的焊接规范

（摘自 CB/T 3947—2001《气电自动立焊工艺要求》）

钢板厚度 /mm	焊接规范			焊丝摆动参数[2]		
	焊接电流 /A	电弧电压 /V	焊接速度[1] /（cm/min）	摆幅 /mm	停留时间/s	
					正面	反面
9	330～350	33～35	13.0	—	—	—
12			11.5	—	—	—
14	350～370	35～37	10.0	5		
16		36～38	9.0	6		0.3
18			8.5	7		
20			8.0	8	1.2	0.4
22			7.0	9		
24	360～380		6.0	10		0.5
26			6.0	11		
28		37～39	5.3	13		
30			5.3	15	0.8	0.4
32			4.9	17		

注：
①焊接速度由电弧传感器控制，自动生成，只可实测不可单独设定。
②对于板厚在 24 mm 以下的垂直对接焊，也可不用摆动器。

（2）接通水、气、电开关，将焊接小车调整至焊缝起始点。

（3）将电弧电压、焊接电流、焊丝伸长量调至设定值位置，按动启动按钮，开始焊接后及时对电弧电压、焊接电流、焊丝落点等进行修正，待熔池液面升至距离保护气体出气口 5~10 mm 时启动自动行走按钮，若需焊丝摆动，再打开摆动机构开关，使焊丝沿板厚方向往复摆动。

（4）焊接过程中应注意以下几点。

1）观察焊丝落点位置和正反面焊缝热量分布情况，若有异常应及时修正焊接规范，并通过机械装置调整电弧位置。

2）观察铜滑块的中心位置。

3）控制好熔池液面，保持其与保护气体出气口相距 5~10 mm。

4）用绝缘棒随时清除铜滑块保护气体盒里的飞溅物。

5）焊接结束后，先断开焊接小车的控制电源开关和焊接电源开关，再切断水、气、水泵电源等。

3. 焊接常见的缺陷、原因及预防措施

气电立焊焊接缺陷产生的根本原因在于执行工艺不当，常见的焊接缺陷及预防措施见表2—20。

表 2—20　　　　　　　　　常见的焊接缺陷及预防措施

（摘自 CB/T3947—2001《气电自动立焊工艺要求》）

故障种类	产 生 原 因	排 除 方 法
熔化 不良	1. 电压太低、间隙太宽，相对于坡口截面电弧能量不足 2. 焊丝伸出长度太长，焊接速度太快，导致输出热量不足 3. 电弧方向偏移 4. 坡口间隙太窄，或坡口边缘上有切割凹槽 5. 焊丝落点与衬垫距离太长、太短或偏向一侧	1. 适当升高电压或减小装配间隙 2. 缩短焊丝伸出长度 3. 调节电弧点和方向 4. 增加间隙，控制气割引起的高低不平和凹槽小于 2 mm 5. 将焊丝落点调到合适位置
焊缝 宽度 不均匀	1. 电弧电压波动 2. 焊丝送丝不正常，如焊丝给送阻力太大，导向管弯曲太大 3. 坡口间隙急剧波动	1. 消除波动原因，使电压保持稳定 2. 更换导电嘴，调节送丝滚轮，导向管弯曲半径必须大于 300 mm 3. 坡口间隙必须在公差范围内，防止间隙急剧波动

续表

故障种类	产生原因	排除方法
焊瘤	1. 铜滑块的成型槽太宽或衬垫的中心偏移 2. 衬垫未紧固在工件上 3. 熔深不够，即达不到衬垫和坡口宽度尺寸	1. 使用成型槽尺寸与坡口宽度相匹配的铜滑块，衬垫中心必须与坡口反面中心线相吻合 2. 加强衬垫的紧固，使之紧贴被焊工件 3. 重新调整焊接规范，选择合适的电流、电压以及摆动位置等
咬边	1. 铜滑块成型槽太窄 2. 铜滑块的中心偏移 3. 母材熔化量太多 4. 焊丝落点与衬垫距离太短或偏向一侧	1. 使用有适当成型槽宽度的铜滑块 2. 使铜滑块置于坡口中心位置 3. 降低电弧电压到适当值 4. 将焊丝落点调到合适位置
焊缝表面粗糙	1. 铜滑块成型槽表面粗糙，不平整 2. 电弧点偏离铜滑块 3. 铜滑块压紧弹簧太紧，使滑块滑动不顺畅	1. 修整铜滑块成型槽的表面平整度，或调换新的 2. 移动电弧点使之处于坡口截面的中心位置 3. 减弱铜滑块压紧弹簧的压力
气孔	1. 焊丝给送不正常 2. 电气体流量不足 3. 风速过大使气体保护不正常 4. 铜滑块上保护气体出口处被飞溅物阻塞 5. 铜滑块漏水 6. 衬垫受潮 7. 焊缝坡口表面有锈、油、油漆及潮气等 8. 焊丝生锈和受潮	1. 牢固地拧紧各连接接头，检查送丝软管是否有破损 2. 增加气体流量，使其大于 25 L/min，并保持气流通畅 3. 风速大于 3 m/s 焊接时需采取挡风措施 4. 焊接过程中随时用绝缘棒清除气体输出口上的飞溅物 5. 修理铜滑块或调换新的 6. 衬垫受潮，必须在使用前经 200~250℃烘干 1 h 7. 清除焊缝坡口表面各种污物 8. 禁止使用生锈焊丝和受潮焊丝

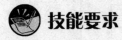 **技能要求**

一、操作准备

1. 材料准备

（1）钢板

AH32 钢，700 mm×200 mm×20 mm，两块。

（2）焊丝

E501T－1，$\phi1.6$ mm。

（3）衬垫

CB/T 3715—1995 陶质焊接衬垫。

2. 设备

气电立焊焊机及其辅助设备、配套直流电源、半自动火焰切割机 CG1－30。

二、操作程序

1. 坡口制备

钢板坡口加工采取半自动火焰切割机加工方式，坡口角度为20°，钝边为 0～1.0 mm（打磨得到），坡口底边直线度误差小于1/100 mm，如图 2—30 所示。

2. 连接焊机

采取直流反接，即被焊工件接负极。

3. 组装与点焊

（1）打磨

坡口焊接区以及焊缝正面20 mm、背面10 mm 内无铁锈、毛刺、油污等影响焊接质量的异物并可见金属光泽，将坡口根部打磨出 0～1.0 mm 的钝边。

（2）点焊

如图 2—30 所示调整间隙，保证钢板错边量在 1.0 mm 以内。采用 п 形定位板（见图 2—28）定位，点焊时应注意只点焊 п 形定位板的一侧，以方便除去，如图 2—31 所示。

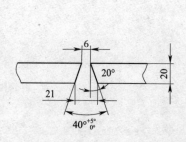

图 2—30　钢板坡口及装配

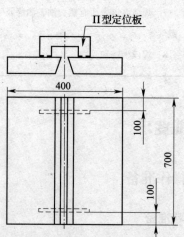

图 2—31　Ⅱ 型定位板点焊位置

（3）反变形

采用 n 形定位板时可不设置反变形量。

4．焊接

（1）焊道布置

采取一层一道完成。

（2）焊接参数

具体焊接参数见表 2—21。

表 2—21　　　　　　　　　　焊接参数

衬垫材料种类		焊接规范				摆动规范	
正面	反面	焊接电流/A	焊接电压/V	焊接速度/（mm/min）	气体流量/（L/min）	摆幅/mm	停留时间/s
水冷铜滑块	陶瓷衬垫	360～400	37～38	80～90	25～35	5～7	正面1.0 反面0.5

（3）焊接程序

接通水、电、气，将焊接机头开至焊缝的始端。

将电弧电压、焊接电流、焊丝伸出长度控制旋钮均调至预定位置。按动启动按钮，开始焊接，在熔池建立之后，再按摆动焊丝旋钮。

在焊接过程中，根据实际坡口和间隙随时调整电弧，将电弧始终指在熔池中间，并根据焊接情况修正焊接规范，注意防止飞溅物进入滑块保护气体盒内，如有进入要用绝缘棒随时去除。

待焊接完成，按下停止按钮（包括摆动停止按钮），小车和送丝停止，焊接结束。待熔池凝固后，放开铜滑块，去除上面的飞溅物，把焊枪拆下，切断水、气、电。

5．清理

去除飞溅物、马板，并修磨好点固痕迹。

三、注意事项

1．防止非正常原因而突然中止焊接，直接导致缩孔、裂纹的产生，从而增加返修量。

2．焊缝反面未焊透及成型不良。原因是坡口间隙过大、过小。

3．焊缝正面咬边、卷边。原因是焊缝装配错边过大、焊件固定倾斜过大。

4．漏渣。原因是焊缝装配错边过大、陶瓷衬垫贴的不严、滑块安装不良。

5．焊缝内夹渣、未熔合。原因是焊接参数不匹配，主要是焊接电流过小。

学习单元2　低碳钢板或低合金钢板气电立焊检验

学习目标

➢ 掌握低碳钢板或低合金钢板气电立焊检验的基本知识。

知识要求

一、外观检验相关知识

1. 焊缝表面质量检验前，必须清除焊缝两侧的熔渣、飞溅及其他污物。
2. 焊缝外形尺寸及表面质量检验，主要用肉眼或借助焊缝量规进行。

二、检验项目及要求

1. 外形尺寸

（1）焊缝的侧面角 θ 不小于90°（见图2—32）。

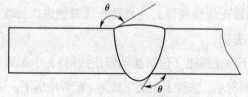

图2—32　焊缝侧面角

（2）焊缝宽度 B 以及余高 h（见图2—33 焊接接头参数示例）。

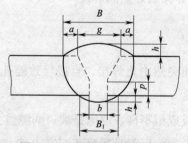

图2—33　焊接接头参数示例

a—坡口端至焊趾宽度　b—坡口间隙尺寸　B—焊缝宽度　B_1—反面焊缝宽度
（由于工艺不同，不做规定）　h—焊缝余高　p—坡口钝边尺寸　g—坡口宽度

$$B \geqslant g + 6 \text{ mm}, \quad h = 0 \sim 3 \text{ mm}$$

（3）在整个焊缝长度内，焊缝最大宽度与最小宽度之差不大于 5 mm。

（4）在任意 300 mm 连续焊缝长度内，焊缝边缘沿焊缝轴线的直线度 f 应小于等于 4 mm。

（5）焊缝表面凹凸，在焊道长度 25 mm 范围内，焊缝的高低差不得大于 2 mm。

2. 外观质量

（1）焊缝表面应成型均匀，焊道与基本金属之间应平滑过渡。

（2）焊缝不得存在任何表面裂纹、烧穿、未熔合和夹渣等缺陷。

（3）弧坑不允许有缩孔和裂纹存在。

（4）焊缝表面不允许存在焊瘤。如有熔化金属淌挂在焊缝上，应不高于焊缝 2 mm。

第3章

非熔化极气体保护焊

第1节 低碳钢管板插入式或骑座式的手工钨极氩弧焊

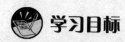 **学习目标**

➢ 了解低碳钢管板手工钨极氩弧焊焊缝中的有害气体及有害元素。

➢ 了解低碳钢管板手工钨极氩弧焊焊缝和热影响区的组织和性能。

➢ 掌握影响低碳钢管板手工钨极氩弧焊焊接接头质量的因素。

➢ 掌握低碳钢管板手工钨极氩弧焊工艺参数及操作要领。

➢ 掌握低碳钢管板插入式或骑座式的手工钨极氩弧焊焊缝外观检查的基本知识。

➢ 能进行管径 $\phi < 60$ mm 低碳钢管板插入式或骑座式的手工钨极氩弧焊。

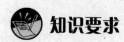 **知识要求**

一、钨极氩弧焊焊缝中的有害气体及有害元素

焊接过程中，焊接区内充满大量气体，这些气体不断地与熔化金属发生冶金反应，从而影响焊缝金属的成分和性能。气体保护电弧焊时，焊接区内的气体主要来自所采用的保护气体及其杂质（如氧、氮、水汽等）。焊丝表面上和母材坡口附近的氧化铁皮、铁锈、油污、油漆和吸附水等，在焊接时也会析出

气体。

1. 氮气

焊接区内的氮气主要来自空气，它在高温时溶入熔池，并能继续溶解在凝固的焊缝金属中。氮的含量较高时，对焊缝金属的性能有较大的影响，如硬度和强度提高，塑性和韧性降低。此外，氮也是形成气孔的主要原因之一，所以在焊缝中氮是有害的元素。

2. 氢气

焊接区内的氢气主要来自受潮的焊条药皮，焊剂中的水分，药皮中的有机物，焊件和焊丝表面上的铁锈、油污、空气或保护气体中的水分等。氢是焊缝中十分有害的元素，它会产生许多有害的作用，如引起氢脆性、白点、硬度升高、气孔等，使焊缝金属的塑性严重下降，严重时将引起裂纹。

3. 氧气

焊接时，氧气主要来自电弧中的氧化性气体，药皮中的氧化物以及焊接材料表面的氧化物。通常氧以原子氧和氧化亚铁两种形式溶解在液态铁中。氧会烧损焊接材料中有益的合金元素，使焊缝性能变坏，随着焊缝含氧量的增加，其强度、塑性和冲击韧度明显下降。此外，还使焊缝金属的抗腐蚀性能降低。溶解在熔池中的氧与碳发生作用，生成不溶于金属的 CO，在熔池结晶时来不及逸出，就会形成气孔。因此，氧在焊缝中属于有害元素。

4. 硫

硫是焊缝金属中有害的杂质之一，当硫以 FeS 的形式存在时危害最大。因为它与液态铁几乎可以无限互溶。硫能促使焊缝金属形成热裂纹，降低焊缝金属的抗冲击性和抗腐蚀性。当焊缝中的含碳量增加时，还会促使硫发生偏析，从而增加焊缝金属的不均匀性，因此，应尽量减少焊缝中的含硫量。

5. 磷

磷在钢铁中也是有害的元素，磷会增加钢的冷脆性，大幅度降低焊缝金属的冲击韧度。因此，应尽量减少焊缝中的含磷量。

二、焊接热影响区的组织和性能

焊接过程中，由于近焊缝区域的母材也受到电弧热的作用，这部分母材的组织和性能均要发生变化，这个发生了变化的母材区域，称为焊缝的热影响区。

热影响区金属实际上经受了一次热处理过程，低碳钢和普通低合金钢的焊接热影响区可分为过热区、正火区、不完全重结晶区等。

1. 过热区

过热区在焊接加热时，加热温度范围处在晶粒开始急剧长大的温度之间，对于低碳钢约为 1 100～1 490℃。该区域母材中的铁素体和珠光体在加热时全部转变为奥氏体。由于温度较高，奥氏体晶粒开始急剧长大，温度越高晶粒长大越严重，高温停留的时间越长，晶粒也越粗大。冷却后该区域的组织与合金成分有关，例如，低碳钢的过热区组织为粗大的魏氏体组织；Q345 钢由于含有少量的锰元素，在其过热区组织内还可见少量粒状贝氏体。过热区晶粒粗大，出现了魏氏体组织，故其塑性和韧性大大降低，是焊接热影响区内性能最差的区域。

2. 正火区

正火区又称细晶区或相变重结晶区。该区在焊接加热时，加热温度范围对于低碳钢约为 900～1 100℃。该区母材中的铁素体和珠光体全部转变为奥氏体。由于温度低一些，故晶粒未充分长大，冷却后得到均匀而细小的铁素体加珠光体组织，相当于热处理中的正火，所以通常称为正火区。由于该区晶粒细小均匀，故既有较高的强度，又具有较好的塑性和韧性。该区是焊接接头中综合力学性能最好的区域。

3. 不完全重结晶区

不完全重结晶区又称部分相变区。不完全重结晶区对于低碳钢温度范围为 727～927℃。该区母材中的铁素体和珠光体只有部分转变为奥氏体，而未转变的铁素体晶粒则随温度的升高不断长大。冷却时，奥氏体晶粒又发生了重结晶过程，所得的细小的铁素体和珠光体晶粒与未转变的粗大的铁素体晶粒混杂在一起。因此，该区组织的晶粒大小极不均匀，并保留原始组织中的带状特性，使得金属的力学性能恶化，强度有所下降。

综上所述，对低碳钢焊接接头来说，在整个热影响区中，除正火区以外，特别是过热区对焊接接头有不良的影响。一般来说，冷却速度越快，热影响区越窄，焊接应力越大，越容易产生裂纹；而热影响区越宽，焊接变形就越大。因此，应在保证焊缝不产生裂纹的前提下，尽量减小热影响区的宽度。

三、影响低碳钢管板手工钨极氩弧焊焊接接头质量的因素

影响管板手工钨极氩弧焊焊接接头质量的因素的产生原因和预防措施见表3—1。

表 3—1　　　影响管板手工钨极氩弧焊焊接接头质量的因素的产生原因和预防措施

缺陷种类	产生原因	预防措施
未焊透	焊接电流太小	增加焊接电流
	焊接速度太快	降低焊接速度
	送丝太快	降低送丝速度
咬边	焊接电流太大	降低焊接电流
	电弧电压太高	降低弧长
	焊炬摆幅不均匀	保持摆幅均匀
	送丝太少，焊接速度太快	适当增加送丝速度或降低焊接速度
气孔	有风	设法挡风
	氩气流量太小或太大	调整氩气流量
	焊丝或工件太脏	清除焊丝及工件待焊区的污物
	氩气管内有水汽	用干燥无油的热空气吹干氩气管
	焊炬漏水	消除漏水处
	进水管道或接头有漏气处	检查气路
	送丝手法不好破坏了氩气保护区	调整送丝手法
	钨极伸出太长或喷嘴高度太大	减少钨极伸出长度及喷嘴高度
夹钨	无高频或脉冲引弧装置失败	修理或增添引弧装置
	钨极伸出太长	适当减少钨极伸出长度
	填丝技术不好	改善填丝手法
	焊接电流太大，钨极熔化	适当降低焊接电流，或加大钨极直径

四、低碳钢管板手工钨极氩弧焊焊接参数

手工钨极氩弧焊的主要焊接参数有钨极直径、钨极形状、钨极伸出长度、焊丝直径、焊接电流、电弧电压、焊接速度、氩气流量及喷嘴与工件间的距离等。

1. 喷嘴直径

喷嘴直径（指内径）增大，保护气体流量增加，此时保护区范围增大，保护效果好。但喷嘴过大时，不仅使氩气的消耗增加，而且不便于观察焊接电弧及焊接操作。因此，通常使用的喷嘴直径取 8～20 mm。

2. 喷嘴与焊件的距离

喷嘴与焊件的距离是指喷嘴端面和工件间的距离，这个距离越小，保护效果越好。所以，喷嘴与焊件间的距离应尽可能小些，但过小将不便于观察熔池，因此，通常取喷嘴至焊件间的距离为 7～15 mm。

3. 钨极伸出长度

为防止电弧过热烧坏喷嘴，通常钨极端部应伸出喷嘴以外。钨极端头至喷嘴端面的距离为钨极伸出长度，钨极伸出长度越小，喷嘴与工件间距离越近，保护效果越好，但过小会妨碍观察熔池。通常焊对接缝时，钨极伸出长度为 5～6 mm 较好；焊角焊缝时，钨极伸出长度为 7～8 mm 较好。

4. 气体保护方式及流量

钨极氩弧焊除采用圆形喷嘴对焊接区进行保护外，还可以根据施焊空间将喷嘴制成扁状（如窄间隙钨极氩弧焊）或其他形状。

焊接根部焊缝时，焊件背部焊缝会受空气污染氧化，因此，必须采用背部充气保护。氩气和氦气是所有材料焊接时，背部充气保护最安全的气体。而氮气是不锈钢和铜合金焊接时，背部充气保护最安全的气体。

5. 焊接电流种类及极性

钨极氩弧焊的焊接电流通常是根据工件的材质、厚度和接头的空间位置来选择的，焊接电流增加时，熔深增大，焊缝的宽度和余高稍有增加，但增加很少，焊接电流过大或过小都会使焊缝成型不良或产生焊接缺陷。低碳钢钨极氩弧焊一般选择直流正接。

6. 电弧电压

钨极氩弧焊的电弧电压主要是由弧长决定的，弧长增加，电弧电压增高，焊缝宽度增加，熔深减小。电弧太长、电弧电压过高时，容易引起未焊透及咬边，而且保护效果不好。但电弧也不能太短，电弧电压过低、电弧太短时，焊丝给送时容易碰到钨极引起短路，使钨极烧损，还容易夹钨，故通常使弧长近似等于钨极直径。

7. 焊接速度

焊接速度增加时，熔深和熔宽减小，焊接速度过快时，容易产生未熔合及未焊透，焊接速度过慢时，焊缝很宽，而且还可能产生焊漏、烧穿等缺陷。手工钨极氩弧焊时，通常是根据熔池的大小、熔池形状和两侧熔合情况随时调整焊接速度。

五、低碳钢管板手工钨极氩弧焊操作要领

管板焊接分插入式管板焊接和骑座式管板焊接，插入式管板焊接是比较容易掌握的项目，焊接时只要能保证根部焊透、焊脚对称、外形美观、尺寸均匀无缺陷即可。骑座式管板焊接一般要求单面焊双面成型，增加了焊接的难度。

1. 低碳钢管板插入式焊接的操作要领

（1）管板插入式垂直固定俯位焊接的操作要领

1）焊接参数。管板插入式垂直固定俯位焊接的焊接参数见表 3—2。

表 3—2　　　　　　管板插入式垂直固定俯位焊接的焊接参数

焊接电流 /A	电弧电压 /V	氩气流量 /（L/min）	钨极伸出长度/mm	钨极直径 /mm	焊丝直径 /mm	喷嘴直径 /mm
80 ~ 120	12 ~ 16	6 ~ 8	6 ~ 8	2.5	2.5	10

2）管板插入式垂直固定俯位焊接的操作要点。采用 2 层 2 道，左焊法。将试件固定在垂直俯焊位置处，定位焊缝在右侧一点，管板垂直固定俯焊时焊枪、焊丝与试件的角度如图 3—1 所示。

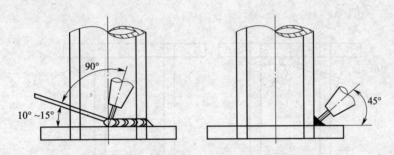

图 3—1　俯焊时焊枪、焊丝与试件的角度

焊接时，在工件右侧的定位焊缝上引弧，先不填加焊丝，焊枪稍加摆动，待定位焊缝开始熔化并形成熔池后，开始填加焊丝，向左焊接。焊接过程中，电弧以管子与底板的顶角为中心横向摆动，摆动的幅度要适当，使焊脚均匀，注意观察熔池两侧和前方，当管子和底板熔化的宽度基本相等时，说明焊脚对称。为了防止管子咬边，电弧可稍离开管壁，从熔池前方填加焊丝，使电弧的热量偏向底板。

接头时，在原收弧处右侧 15 ~ 20 mm 处的焊缝上引弧，引燃电弧后，将电弧迅速移到原收弧处、先不填加焊丝，待接头处熔化形成熔池后，开始填加焊丝，按正常速度焊接。待一圈焊缝焊完时停止送丝，等原来的焊缝金属熔化，与熔池连成一体后再填加焊丝，弧坑填满后断弧。封闭焊缝的最后接头处容易产生未焊透的缺陷，焊接时，必须用电弧加热根部，观察到顶角处熔化后再填加焊丝。如果焊接比较重要的工件，可将原来的焊缝头部磨成斜坡状，这样更容易接头。

（2）管板插入式垂直固定仰位焊接的操作要领

1）焊接参数。管板插入式垂直固定仰位焊接的焊接参数见表 3—3。

表3—3　　　　　　　　　　　　管板插入式垂直固定仰位焊接的焊接参数

焊接电流 /A	氩气流量 /（L/min）	钨极伸出长度 /mm	钨极直径 /mm	焊丝直径 /mm	喷嘴直径 /mm
90～110	8～9	4～8	2.5	2.5	10

2）管板插入式垂直固定仰位焊接的操作要点。管板插入式垂直固定仰位焊接是难度较大的焊接位置，焊接时熔化的母材和焊丝熔滴易下坠。必须严格控制焊接热输入和冷却速度。管板焊接电流可稍小些，焊接时速度稍快，送丝频率加快，尽量减少送丝量，氩气流量适当加大，焊接时尽量压低电弧。焊缝采用2层3道，左焊法。

①打底焊。打底焊应保证顶角处的熔深，管板垂直固定仰焊时的焊枪、焊丝角度，如图3—2所示。

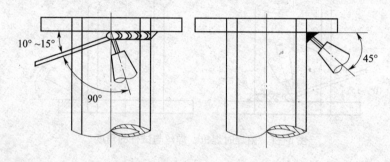

图3—2　仰焊时的焊枪、焊丝角度

在试件右侧定位焊缝上引燃电弧，先不填加焊丝，待定位焊缝开始熔化并形成熔池后，开始填加焊丝，并向左焊接。

焊接过程中要尽量压低电弧，电弧尽可能地短些，熔池要小，电弧对准顶角向左焊接，保证熔池两侧熔合好，焊丝熔滴不能太大，当焊丝端部熔化形成较小的熔滴时，立即送入熔池中，然后退出焊丝，发现熔池表面下凸时，应加快焊接速度，也可根据熔孔和熔池表面情况调整焊枪角度和焊接速度，待熔池稍冷却后再填加焊丝。

②焊缝接头。焊缝接头处容易产生未焊透缺陷，焊接时必须用电弧加热根部，待观察顶角处熔化后再填加焊丝。如果怕焊不透，也可以将原来的焊缝头部磨成斜坡状，这样更容易焊好接头。

接头时，在接头处右侧5 mm处引燃电弧，先不填加焊丝，待接头处熔化形成熔池和熔孔后，再填加焊丝继续向左焊接。

③盖面焊。焊前可先将打底焊道上局部的凸起处打磨平，盖面焊缝有两条焊道，先焊下面的焊道，后焊上面的焊道。

焊下面的焊道时，电弧对准打底焊道下沿引燃电弧，先不用送丝，焊枪小幅度做锯齿形摆动，待原来的焊缝金属熔化形成熔池，轻轻地将焊丝向熔池推进，熔池下沿超过管子坡口棱边 0.5 ~ 1 mm，熔池的上沿在打底焊道的 1/2 ~ 2/3 处。

焊上面的焊道时，电弧以下面焊道上沿为中心，焊枪做小幅度摆动，使熔池将孔板和下面的焊道圆滑地连接在一起。

焊接过程中，电弧应以管子与孔板的顶角为中心做横向摆动，摆动幅度要适当，使焊脚尺寸均匀，注意观察熔池两侧和前方，当管子和孔板熔合的宽度基本相等时，焊接尺寸就是对称的。为了防止管子咬边，电弧可稍离开管壁，从熔池前上方填加焊丝，使电弧的热量偏向孔板。

④焊缝收弧。待一圈焊缝焊完时停止送丝（收弧时要注意填满弧坑后断弧），随后断开电源控制开关，此时焊接电流衰减，熔池逐渐缩小，当电弧熄灭，熔池凝固冷却到一定温度后，才能移开焊枪，以防收弧处焊缝金属被氧化。

（3）管板骑座式水平固定焊接的操作要领

1）焊接参数。管板骑座式水平固定全位置手工钨极氩弧焊的焊接参数见表3—4。

表3—4　　　管板骑座式水平固定全位置手工钨极氩弧焊的焊接参数

焊接电流 /A	氩气流量 / (L/min)	钨极伸出长度 /mm	钨极直径 /mm	焊丝直径 /mm	喷嘴直径 /mm
90 ~ 120	7 ~ 9	4 ~ 8	2.5	2.5	10

2）管板骑座式水平固定全位置焊接时的操作要点。骑座式管板焊接难度较大，既要保证单面焊双面成型，又要保证焊缝正面均匀美观、焊脚尺寸对称，再加上管壁薄、孔板厚、坡口两侧导热情况不同，需控制热量分布，这也增加了难度。通常都靠打底焊保证焊缝背面成型，靠填充焊和盖面焊保证焊脚尺寸和外观质量。

焊接要点：必须同时掌握平焊、立焊和仰焊技术才能焊好这个位置的试件。焊缝采用2层2道，先焊打底层，后焊盖面层，每层都分成两半圈，先按顺时针方向焊前半圈，后按逆时针方向焊后半圈。

①打底焊。为叙述方便，焊接时，用通过管子轴线的垂直平面将试件分成两半圈，并按时钟钟面将试件分成12等份，时钟12点位置处在最上方。

焊前半圈：在时钟6点位置处，钢板位置的一侧引燃电弧后移到焊缝坡口端部预热，先不填加焊丝，待焊缝端部熔化形成熔池熔孔后，开始填加焊丝，待焊丝端部熔化形成熔滴后，轻轻地将焊丝向熔池推一下，将铁液送到熔池前端的熔池中，以提高焊道背面的高度，防止背面焊道余高不够。并按顺时针方向焊至时钟 1 点处。焊枪与焊丝角度如图 3—3 所示。

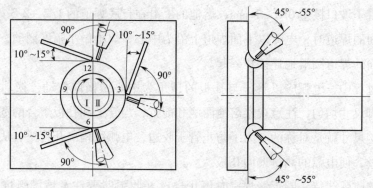

图 3—3　水平固定焊时焊枪与焊丝的角度

焊后半圈：在时钟 6 点钟处左侧 5~10 mm 处引燃电弧，按逆时针方向移动电弧到接头处，先不填加焊丝，待坡口根部熔化，形成熔池和熔孔后，开始填加焊丝，并按逆时针方向焊接至时钟 11 点钟处。

焊至接近收弧点处，停止送丝，待原焊缝处开始熔化时，迅速填加焊丝，使焊缝封闭。这是打底焊的最后一个封闭接头，要防止烧穿或未熔合。

②焊缝接头。接头时，在原收弧处右侧 5 mm 的焊缝上引弧，引燃电弧后，将电弧迅速移到原收弧处，先不填加焊丝，待需接头处熔化形成熔池后，开始填加焊丝，按正常速度焊接，焊至其他的定位焊缝处时，应停止送丝，利用电弧将定位焊缝熔化并和熔池连成一体，再送丝继续焊接。

通常在封闭焊接的最后接头处容易未焊透，焊接时必须用电弧加热根部，待观察顶角处熔化后再填加焊丝。如果怕焊不透，也可将原来的焊缝头部磨成斜坡状，这样更容易接好头，保证接头处熔合良好。

③盖面焊。焊前可先将打底焊上局部的凸起处打磨平。焊缝引弧，在试件时钟 6 点处焊缝上引燃电弧，先不填加焊丝，引燃电弧后，焊枪稍作摆动，待定位焊缝开始熔化并形成熔池后，开始填加焊丝，并向左焊接。

焊接过程中，焊枪应以管子与孔板的顶角为中心做横向摆动，其横向摆动的幅度需较大些，并保证熔池两侧与管子外圈周围及孔板熔合好，摆动幅度要适当，并使焊脚尺寸均匀，注意观察熔池两侧和前方，当管子和孔板熔化的宽度基本相等时，焊脚尺寸就是对称的。为了防止管子咬边，电弧可稍离开管壁，从熔池前上方填加焊丝，使电弧的热量偏向孔板。

④焊缝收弧。待一圈焊缝快焊完时停止送丝，待原来的焊缝金属熔化，与熔池连成一体后再填加焊丝，填满弧坑后断弧。

收弧时，先停止送丝，随后断开控制开关，此时焊接电流衰减，熔池逐渐减少，当电弧熄灭，熔池凝固冷却到一定温度后，才能移开焊枪，以防收弧处焊缝金属被氧化。

3）焊接时易出现问题的原因与对策。

①熔池与成型。焊接时要注意观察熔池，保证熔孔的大小一致，若发现熔孔变大，可采用适当增加焊接速度、减少电弧在管子坡口侧的停留时间或减小焊接电流等方法，使熔孔变小。熔孔过大会产生过烧和焊瘤等缺陷。

熔孔变小，则应采取与上述相反的措施，使熔孔增大。熔孔过小会产生未焊透等缺陷。

②打底焊焊丝。前半圈焊接时可采取内加焊丝方法，焊丝一定要填加到坡口根部，送丝速度比正常焊接时慢一点。

后半圈采用外加焊丝方法，焊丝一定要填加到坡口钝边上，送丝速度可根据熔池、熔孔大小决定。

③为了防止管子产生咬边，电弧可稍离开管壁，从熔池前方填加焊丝，使电弧的热量偏向孔板。

六、低碳钢管板插入式或骑座式的手工钨极氩弧焊焊缝外观检查的基本知识

外观检查主要指表面及成型缺陷，包括焊缝尺寸不符合要求、咬边、弧坑、烧穿和塌陷、焊瘤、严重飞溅等，这类缺陷用肉眼或借助低倍放大镜就能够发现。

1. 焊缝尺寸不符合要求

各种不同的焊接结构对焊缝的尺寸都有一定的要求。如果焊缝尺寸不符合标准规定，其内部质量再好也认为该焊缝不合格。对焊缝尺寸的要求主要有余高、宽度、背面余高、焊缝不直度、焊脚高等几个指标。

2. 咬边

由于焊接参数选择不当或操作工艺不正确，沿焊趾的母材部位产生的沟槽或凹陷即为咬边，标准规定咬边深度不得超过 0.5 mm，累计长度不大于焊缝长度的10%。产生咬边的原因是操作不当、焊接工艺参数选择不正确，如焊接电流过大、电弧过长、焊条角度不当等。

3．焊瘤

焊接过程中，熔化金属流淌到焊缝之外未熔化的母材上所形成的金属瘤即为焊瘤。焊瘤不仅影响焊缝外表的美观，而且焊瘤下面常有未焊透缺陷，易造成应力集中。对于管道接头来说，管道内部的焊瘤还会使管内的有效面积减少，严重时使管内产生堵塞。焊缝间隙过大、焊条位置和运条方法不正确、焊接电流过大或焊接速度太小等均可引起焊瘤。焊瘤常在立焊和仰焊时产生。

4．塌陷和烧穿

焊接过程中，若熔化金属下坠则形成塌陷，再进一步熔化，金属自坡口背面流出，形成穿孔的缺陷称为烧穿，烧穿是一种不允许存在的焊接缺陷。产生烧穿的主要原因是焊接电流过大、焊接速度太低，当装配间隙过大或钝边太薄时也会发生烧穿现象。为了防止烧穿，要正确设计焊接坡口尺寸，确保装配质量，选用适当的焊接工艺参数。

5．弧坑

弧坑是由于电弧焊断弧或收弧不当，在焊接末端形成的低凹部分，弧坑是一种不允许的缺陷，焊接时必须避免。

6．飞溅

焊接时熔滴爆裂后的液体颗粒溅落到焊件表面形成的附着颗粒，较严重时成为飞溅缺陷。

 技能要求1

管径 $\phi < 60$ mm 低碳钢管板插入式垂直固定仰位焊接

一、操作准备

1．焊接设备

手工钨极氩弧焊机 WS－200、氩气瓶、AT－15 型氩气流量调节器和气冷式焊枪。

2．焊接材料

试件采用 20 钢，无缝钢管壁厚 3 mm，外径为 ϕ51 mm，长度为 120 mm，底板采用 12 mm 厚的 100 mm×100 mm 的钢板，中间加工 ϕ45 mm 孔。铈钨极直径为 2.5 mm。焊丝为 H08Mn2SiA，ϕ2.5 mm。

3. 辅助工具

头盔式面罩、9 号电焊镜片、皮工作服、绝缘鞋和绝缘手套。

二、操作步骤

1. 焊接参数

管板插入式垂直固定仰位焊接参数见表 3—5。

表 3—5　　　　　　　　　管板插入式垂直固定仰位焊接参数

焊接电流 /A	氩气流量 /（L/min）	钨极伸出 长度/mm	钨极直径 /mm	焊丝直径 /mm	喷嘴直径 /mm
90～110	8～9	4～8	2.5	2.5	10

2. 操作要点

管板插入式垂直固定仰位焊接是难度较大的焊接位置，焊接时熔化的母材和焊丝熔滴易下坠。必须严格控制焊接热输入和冷却速度。管板焊接电流可稍小些，焊接时速度稍快，送丝频率加快，尽量减少送丝量，氩气流量适当加大，焊接时尽量压低电弧。焊缝采用 2 层 3 道，左焊法。

（1）打底焊

打底焊应保证顶角处的熔深，管板垂直固定仰焊时的焊枪、焊丝角度，如图 3—4 所示。

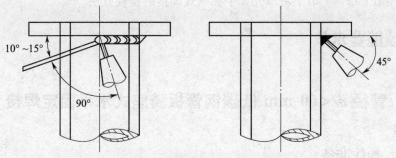

图 3—4　仰焊时的焊枪、焊丝角度

焊接过程中要尽量压低电弧，电弧尽可能地短些，熔池要小，电弧对准顶角向左焊接，保证熔池两侧熔合好，焊丝熔滴不能太大，当焊丝端部熔化形成较小的熔滴时，立即送入熔池中，然后退出焊丝，发现熔池表面下凸时，应加快焊接速度，也可根据熔孔和熔池表面情况调整焊枪角度和焊接速度，待熔池稍冷却后再填加焊丝。

（2）盖面焊

焊前可先将打底焊道上局部的凸起处打磨平，盖面焊缝有两条焊道，先焊下面的焊道，后焊上面的焊道。

焊下面的焊道时，电弧对准打底焊道下沿引燃电弧，先不用送丝，焊枪小幅度做锯齿形摆动，待原来的焊缝金属熔化形成熔池，轻轻地将焊丝向熔池推进，熔池下沿超过管子坡口棱边 0.5 ~ 1 mm，熔池的上沿在打底焊道的 1/2 ~ 2/3 处。

焊上面的焊道时，电弧以下面焊道上沿为中心，焊枪做小幅度摆动，使熔池将孔板和下面的焊道圆滑地连接在一起。

焊接过程中，电弧应以管子与孔板的顶角为中心做横向摆动，摆动幅度要适当，使焊脚尺寸均匀，注意观察熔池两侧和前方，当管子和孔板熔合的宽度基本相等时，焊接尺寸就是对称的。为了防止管子咬边，电弧可稍离开管壁，从熔池前上方填加焊丝，使电弧的热量偏向孔板。

（3）焊缝收弧

待一圈焊缝焊完时停止送丝，随后断开电源控制开关，此时焊接电流衰减，熔池逐渐缩小，当电弧熄灭，熔池凝固冷却到一定温度后，才能移开焊枪，以防收弧处焊缝金属被氧化。

（4）清理

焊接完成时按规程要求对试件进行清理。

三、检验

参照第1章第1节学习单元2中插入式焊接的检验方法。

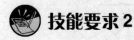 **技能要求2**

管径 $\phi < 60$ mm 低碳钢管板骑座式水平固定焊接

一、操作准备

1. 焊接设备

手工钨极氩弧焊机 WS-200、氩气瓶、AT-15 型氩气流量调节器和气冷式焊枪。

2. 焊前准备

材料：20钢。

试件及坡口尺寸：如图3—5所示。

焊接位置：骑座式水平固定焊接，单面焊双面成型。

焊丝：ER49 – 1，ϕ2.5 mm。

电源：直流正接。打磨区域如图 3—6 所示。

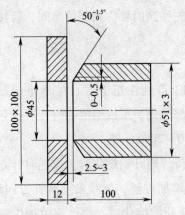

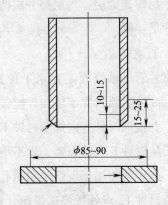

图 3—5　试件及坡口尺寸 　　　图 3—6　图中凡标有尺寸及箭头所指的
　　　　　　　　　　　　　　　　　　　表面均需打磨

3. 组装与点焊

（1）钝边为 0 ~ 0.5 mm。

（2）装配。

1）装配间隙为 2.5 ~ 3 mm。

2）采用 3 点定位焊固定，并均布于管子外圆周上，点焊长度为 10 mm 左右，不得有缺陷，并且定位焊不得置于时钟 6 点位置。点固焊位置如图 3—7 所示。

3）试件错边量应小于等于 0.3 mm。

4）管子应与管板垂直。

二、操作步骤（直接点焊法）

1. 焊接参数

焊接参数见表 3—6。

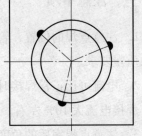

图 3—7　点固焊位置

表 3—6　　　　　　　　　　　　焊接参数

焊接电流 /A	电弧电压 /V	氩气流量 /（L/min）	钨极直径 /mm	焊丝直径 /mm	喷嘴直径 /mm	喷嘴至工件距离/mm
80 ~ 90	11 ~ 13	6 ~ 8	2.5	2.5	8	≤12

2. 操作要点

这是管板接头形式中难度最大的项目，因为它包含了平焊、立焊和仰焊 3 种操作技能。

焊接时，将试件按时钟分成两个相同半圈进行焊接，分2层2焊道焊接，先焊打底层，后焊盖面层，每层都分成两个半圈，先按顺时针方向焊前半圈，后按逆时针方向焊后半圈。

（1）打底焊

将试件管子轴线固定在水平位置，时钟12点处在正上方。在时钟6点左侧10~15 mm处引弧，先不填加焊丝，待坡口根部熔化，形成熔池和熔孔后，开始填加焊丝，并按顺时针方向焊至时钟12点左侧10~20 mm处。

然后从时钟6点处引弧，先不填加焊丝，待焊缝开始熔化时，按逆时针方向移动电弧，当焊缝前端出现熔池和熔孔后，开始填加焊丝，继续沿逆时针方向焊接。焊至接近时钟12点处暂停送焊丝，待原焊缝处开始熔化后，再迅速填加焊丝，使焊缝封闭。这是打底焊道的最后一个接头，要防止烧穿或未熔合。

（2）盖面焊

焊接工艺参数与打底焊相同，焊接顺序和要求也与打底层焊道相同，但焊枪摆动幅度稍大，注意防止焊缝两侧产生咬边缺陷。

3. 清理

焊接完成时按规程要求对试件进行清理。

三、注意事项

1. 注意点焊的位置，管板骑座式焊接的定位焊点焊时必须焊透，达到正式焊接的质量要求。

2. 电流可比正常焊接时的稍大，定位焊焊接时为保证焊透，焊接电流可以比正常焊接电流大10%左右。

3. 注意点焊完后的角度。所有点焊的焊缝长度一般在5~10 mm（当钢管的直径大于200 mm时，点焊长度要适当加大，点焊处数也要增加到四处以上，必须保证点焊牢固可靠），两端要形成缓坡状，必要时要打磨成缓坡状。

4. 注意不同工位焊接的点焊差异。所有点焊焊缝必须是无缺陷的，如有缺陷必须铲除（或打磨除去），重新点焊，点焊高度最好在2~3 mm，最大不能超过4 mm，否则要打磨达到要求。

四、检验

参照第1章第1节学习单元2中骑座式焊接的检验方法。

第 2 节　管径 $\phi < 60\ mm$ 低合金钢管对接水平固定和垂直固定的手工钨极氩弧焊

 学习目标

➤ 掌握管径 $\phi < 60\ mm$ 低合金钢管对接水平固定和垂直固定手工钨极氩弧焊工艺参数及操作要领。

➤ 了解管径 $\phi < 60\ mm$ 低合金钢管对接水平固定和垂直固定手工钨极氩弧焊焊缝中的有害气体及有害元素。

➤ 了解管径 $\phi < 60\ mm$ 低合金钢管对接水平固定和垂直固定手工钨极氩弧焊焊缝和热影响区的组织和性能。

➤ 了解影响管径 $\phi < 60\ mm$ 低合金钢管对接水平固定和垂直固定手工钨极氩弧焊焊接接头质量的因素。

➤ 了解管径 $\phi < 60\ mm$ 低合金钢管对接水平固定和垂直固定的手工钨极氩弧焊焊缝外观质量检查的基本知识。

➤ 能进行管径 $\phi < 60\ mm$ 低合金钢管对接水平固定和垂直固定的手工钨极氩弧焊。

 知识要求

一、钢管对接非熔化极气体保护焊试件坡口选择原则、坡口打磨、清理的技术要领

1. 坡口形式

根据管子壁厚和生产条件，可以采用多种坡口形式。以低合金钢管对接为例，焊件坡口形式见表 3—7。为了保证一定余高，焊前将管端适当扩口或者添加填充焊丝，也可以用钨极氩弧焊打底后再用焊条电弧焊盖面。

表 3—7 焊件坡口形式

坡口形式	焊接方法	坡口尺寸/mm				坡口图
		δ	b	α	p	
I 形	填充焊丝钨极氩弧焊	≤1.5	≤0.1	—		
V 形	钨极氩弧焊或钨极氩弧焊封底加焊条电弧焊	2~10	≤0.1	60°	0.1~1.0	
U 形	钨极氩弧焊或钨极氩弧焊封底加焊条电弧焊	12	≤0.1	15°	0.1~1.0	
		20	≤0.1	13°	0.1~1.0	

2. 钢管对接非熔化极气体保护焊焊接的定位焊的相关知识

（1）钢管对接非熔化极气体保护焊焊接的定位焊

由于氩弧焊打底层焊缝比焊条电弧焊薄，如工艺不当，易产生裂纹缺陷，因此，管道对口时要垫稳，不得实行强力对口。根层点固焊是焊缝的一部分，其工艺应与正式焊接相同，点固焊后应仔细检查焊点质量，如果发现裂纹、气孔等缺陷，应将该焊点清除干净，重新点固焊，焊点两端应加工成斜坡形，以便接头。

中、小直径管的点固焊，可在坡口内直接点固焊。直径小于 60 mm 的管子，点固一处即可；直径为 76~159 mm 的管道，应点固 2~3 处。点固焊焊缝长度为 15~20 mm，高度为 2~3 mm。点固焊的位置一般在平焊或立焊处（时钟 12、3、9 点处）。对于有障碍的困难位置的焊口，应以该焊点不影响施焊和妨碍视线为原则。

管子对接焊试件的定位焊在正面坡口内，不准在时钟 6 点钟位置定位焊（即时钟 10 点、2 点钟位置定位焊，6 点钟位置起焊）。

（2）对接间隙的选择原则

根据壁厚和接头形式选取，一般是 0 ~ 2 mm。

3. 钢管对接非熔化极气体保护焊焊接的定位焊方法

常用的定位焊方法有直接点焊法、间接点焊法和连接板点焊法三种，其特点比较见表 3—8。

表 3—8　　　　　　　　　　　三种点焊法的特点比较

	直接点焊法	间接点焊法	连接板点焊法
对焊工要求	高，与正式焊接一样	低	低
操作难度	高，作为正式焊接的一部分	低，临时焊道	低，临时焊道
打磨处理	不需处理	焊接到该处时需打磨去除	焊接完成后打磨
质量影响	正式焊道的一部分，直接影响	非正式焊道，不影响	非正式焊道，不影响
应用频率	高	低	高
效率	点焊效率高，生产效率高	点焊效率高，生产效率低	点焊效率高，生产效率中

二、管径 $\phi < 60$ mm 低合金钢管对接水平固定和垂直固定手工钨极氩弧焊工艺参数

1. 钢管对接非熔化极气体保护焊焊接的焊接参数

常见的焊接参数有焊接电流、钨极直径和焊丝直径等。

钨极端部形状对电弧稳定燃烧和焊缝成型均有很大影响，较为理想的是将端部磨成圆锥形。钨极的磨制应使用专用砂轮，室内保持通风良好，砂轮磨制的钨极光洁度不高时，应用细砂轮再精磨一次。管道氩弧焊打底焊一般选用铈钨极，直流正接时，焊接电流不超过 130 A。

目前常用的手工钨极氩弧焊焊丝规格为 $\phi2.5$ mm，对于厚度特别薄的小直径管也可用 $\phi2.0$ mm 焊丝。典型的焊接参数见表 3—9。

表 3—9　　　　　　　　　　　典型焊接参数

焊接规范 管径/mm	钨极直径 /mm	喷嘴孔径 /mm	钨极伸出 长度/mm	氩气流量 /（L/min）	焊接电流 /A
<76	2.5	8 ~ 10	6 ~ 8	8 ~ 10	80 ~ 100

2. 钢管对接非熔化极气体保护焊焊接的焊丝选用原则

（1）选择焊丝型号的原则

根据被焊结构的钢种选用焊丝，对于低碳钢和低合金钢，主要是按等强度原

则，选用满足力学性能要求的焊丝。

（2）按焊接区质量选择

根据焊接位置，选择适宜的焊丝牌号及焊丝直径。对于一般焊接结构，焊丝可以选用 ER49 - 1，$\phi 2.5$ mm。

三、管径 $\phi < 60$ mm 低合金钢管对接水平固定和垂直固定手工钨极氩弧焊操作要领

1. 非熔化极气体保护焊焊接水平固定钢管时的操作要领

（1）试件装配

试件装配尺寸见表3—10。

表3—10　　　　　　　　　　　试件装配尺寸

坡口角度/（°）	装配间隙/mm		钝边尺寸/mm	反变形角/（°）	错边量/mm
60	始焊端2		0	2	≤1
	终焊端3				

（2）焊接参数

小径管水平固定焊手工钨极氩弧焊的焊接参数见表3—11。

表3—11　　　　　小径管水平固定焊手工钨极氩弧焊的焊接参数

焊接层次	焊接电流 /A	电弧电压 /V	氩气流量 /（L/min）	钨极伸出长度/mm	钨极直径 /mm	焊丝直径 /mm	喷嘴直径 /mm
打底焊	85～95	12～16	7～9	4～8	2.5	2.5	10
盖面焊	80～90						

（3）焊接操作技巧

1）打底焊。将管子固定在水平位置，定位焊缝放在时钟钟面12点钟位置处，间隙较小的一端放在时钟钟面6点钟位置处，在仰焊位时钟6点钟往左10 mm处引弧，按逆时针方向进行焊接。焊接打底层时要严格控制钨极、喷嘴与焊缝的位置，即钨极应垂直于管子的轴线，当获得一定大小的明亮清晰的熔池后，才可往熔池填送焊丝。

小径管对接水平固定焊焊枪与焊丝角度如图3—8所示。

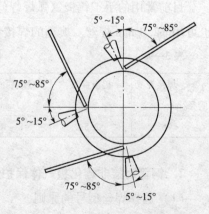

图3—8　焊枪与焊丝角度

焊接时焊丝与通过熔池的切线成 15°，送至熔池前方，焊丝沿坡口的上方送到熔池后，要轻轻地将焊丝向熔池里推一下，并向管内摆动，从而提高焊缝背面高度，避免凹坑和未焊透，在填丝的同时，焊枪应向逆时针方向匀速移动。

焊接过程中填丝和焊枪移动速度要均匀，才能保证焊缝美观，当焊至时钟 0 点位置时，应暂时停止焊接。收弧时，首先应将焊丝抽离电弧区，但不要脱离保护区，然后切段电源控制开关，这时焊接电流逐渐衰减，熔池也相应减少，当电弧熄灭后，延时切断氩气后，焊枪才能移开。

对接水平固定小径管焊完一侧后，焊工转到管子的另一侧位置。焊前，应首先将定位焊缝除掉，将收弧处（时钟 0 点处）和起弧处（时钟 6 点处）修磨成斜坡状并清理干净后，在时钟 6 点钟斜坡处引弧移至左侧离接头 8~10 mm 处，焊枪不动，当获得明亮清晰的熔池后再填加焊丝，按顺时针方向焊至时钟 0 点处，接好最后一个接头，焊完打底焊道。

2）盖面焊。除焊枪做横向摆动的幅度稍大、焊接速度稍慢外，其余与打底焊时相同。

（4）焊接操作禁忌

1）应采取短弧焊接，电弧要保持稳定，钨极端部不得与熔池接触，以防造成夹钨缺陷。

2）焊丝与钨极端部不得相碰，焊丝应始终处于气体保护区之内，以防焊丝热端被氧化。

3）随时注意焊接电流的大小、气体的流量、钨极端部的纯度和焊丝使用状态（残余长度）等。

4）焊缝的接头和收尾处应避开难焊部位（如排管的两管之间处），收尾处电弧要延缓，熔池填满后，把电弧引至坡口上，快速收弧，然后关闭氩气阀。

5）每道坡口不应一层焊完，即不得少于两层，否则，既不能保证根部焊透，内部也易出现缺陷，且外表也不美观。

6）手工钨极氩弧焊焊接次层焊道时，应将氩气的压力和流量调小一些，以防熔池翻浆。

2. 非熔化极气体保护焊焊接垂直固定钢管时的操作要领

（1）试件装配

小径管对接垂直固定手工钨极氩弧焊的试件装配尺寸见表 3—12。

表3—12　　　　　　小径管对接垂直固定手工钨极氩弧焊的试件装配尺寸

坡口角度/（°）	装配间隙/mm	钝边尺寸/mm	反变形角/（°）	错边量/mm
60	始焊端 2	0	2	≤0.5
	终焊端 3			

（2）焊接参数

小径管对接垂直固定手工钨极氩弧焊的焊接参数见表3—13。

表3—13　　　　　　小径管对接垂直固定手工钨极氩弧焊的焊接参数

焊接层次	焊接电流 /A	电弧电压 /V	氩气流量 /（L/min）	钨极伸出长度/mm	钨极直径 /mm	焊丝直径 /mm	喷嘴直径 /mm
打底焊	95～100	12～16	7～9	4～8	2.5	2.5	10
盖面焊	80～95						

（3）焊接操作技巧

1）焊接要求。单面焊双面成型。

2）焊接材料。焊丝为 H08Mn2SiA；电极为铈钨极；氩气纯度为 99.99%。

①打底焊。按表3—13的焊接参数进行打底层的焊接。在右侧间隙最小 2 mm 处引弧。先不填加焊丝，待坡口根部熔化形成熔滴后，将焊丝轻轻地向熔池里送一下，同时向管内摆动，将液态金属送到坡口根部，以保证背面焊缝的高度。填充焊丝的同时，焊枪小幅度做横向摆动并向左均匀移动。

在焊接过程中填充焊丝以往复运动方式间断地送入电弧内的熔池前方，在熔池前呈滴状加入。焊丝送进速度要均匀，不能时快时慢，这样才能保证焊缝成型美观。

当焊工要移动位置暂停焊接时，应按收弧要点操作。焊工再进行焊接时，焊前应将收弧处修磨成斜坡状并清理干净，在斜坡后，即可填加焊丝，继续从右向左进行焊接。打底焊焊枪与焊丝角度如图3—9所示。

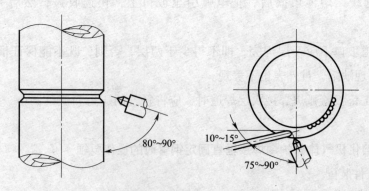

80°～90°　10°～15°　75°～90°

图3—9　打底焊焊枪与焊丝角度

小径管道垂直固定打底焊，熔池的热量要集中在坡口下部，以防止上部坡口过热、母材熔化过多、产生咬边或焊缝背面的余高下坠。

②盖面焊。盖面焊缝由上、下两道组成，先焊下面的焊道，后焊上面的焊道，焊枪角度如图 3—10 所示。

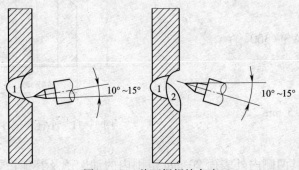

图 3—10　盖面焊焊枪角度

焊下面的盖面焊道时，电弧对准打底焊道下沿，使熔池下沿超出管子坡口棱边 0.5 ~ 1.5 mm。焊上面的盖面焊道时，电弧对准打底焊道上沿，使熔池超出管子坡口 0.5 ~ 1.5 mm。

（4）焊接操作禁忌

1）焊接电流过大。会造成咬边、焊道表面平而宽、氧化和烧穿。

2）焊接电流过小。会造成焊道窄而高、与母材过渡不圆滑和未熔合、坡口未填满。

3）焊接速度太快。会造成焊道细小、焊波脱节、未焊透和未熔合、坡口未填满。

4）焊接速度太慢。会造成焊道过宽、过高的余高、凸瘤或烧穿。

5）电弧过长。会造成气孔、夹渣、未焊透、氧化。

（5）清理、检验

焊接结束后，关闭焊机，用钢丝刷清理焊缝表面，用肉眼或低倍放大镜检查焊缝表面是否有气孔、裂纹、咬边等缺陷。

 技能要求 1

管径 $\phi < 60$ mm 低合金钢管对接垂直固定的手工钨极氩弧焊

一、操作准备

1. 试件尺寸及要求

试件材料：Q345。

试件及坡口尺寸：如图 3—11 所示。

焊接位置及要求：垂直固定，单面焊双面成型。

焊接材料：焊丝选用 ER50－6，直径 2.5 mm。

氩弧焊机：WS－300。

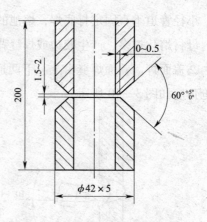

图 3—11　小径管试件及坡口尺寸

2. 试件装配

（1）钝边

钝边为 0~0.5 mm。

（2）除垢

清除坡口及其两侧内外表面 20 mm 范围内的油、锈及其他污物，至露出金属光泽，并用丙酮清洗该区域。

（3）装配

1）装配间隙为 1.5~2.0 mm。

2）定位焊为一点定位，焊点长度为 10~15 mm，并保证该处间隙为 2 mm，与它相隔 180°处间隙为 1.5 mm，将管子轴线垂直并加以固定，间隙小的一侧位于右边。焊接材料与焊接试件相同。定位焊点两端应预先打磨成斜坡状。

3）试件错边量应小于等于 0.5 mm。

3. 焊接参数

焊接参数见表 3—14

表 3—14　　　　　　　　　焊接参数

焊接层次	焊接电流 /A	电弧电压 /V	氩气流量 /（L/min）	钨极直径 /mm	焊丝直径 /mm	喷嘴直径 /mm	喷嘴至工件距离/mm
打底焊	90~95	11~13	8~10	2.5	2.5	8	≤8
盖面焊	95~100		6~8				

4. 操作要点及注意事项

试件采用 2 层 3 道焊，打底焊为 1 层 1 道；盖面焊为 1 层，上、下 2 道。

二、操作步骤

1. 打底焊

按非熔化极气体保护焊焊接垂直固定钢管时的操作要领进行焊接。

2. 盖面焊

按非熔化极气体保护焊焊接垂直固定钢管时的操作要领进行焊接。

3. 清理焊道

按焊道清理要求进行操作。

三、检验

检验项目、方法可参见第 1 章第 4 节学习单元 2 中的检验内容。

 技能要求 2

管径 $\phi < 60$ mm 低合金钢管对接水平固定的手工钨极氩弧焊

一、操作准备

1. 试件尺寸及要求

试件材料：Q345。

试件及坡口尺寸：如图 3—12 所示。

焊接位置及要求：水平固定，单面焊双面成型。

焊接材料：焊丝选用 H08Mn2SiA，直径 2.5 mm。

氩弧焊机：WS – 300。

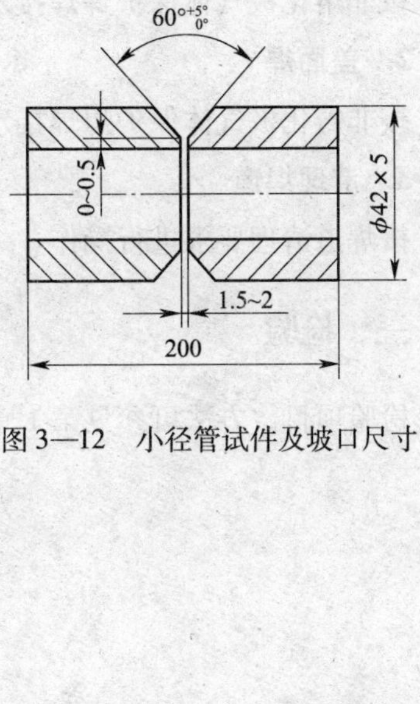

2. 试件装配

（1）钝边

钝边为 0～0.5 mm。

（2）除垢

清除坡口及其两侧内外表面 20 mm 范围内的油、锈及其他污物，至露出金属光泽，并用丙酮清洗该区域。

（3）装配

1）试件的装配采用一点定位焊固定，且定位焊处的间隙为 2 mm（另一边间隙为 1.5 mm）。焊点长度为 10～15 mm，要求焊透，并不得有焊接缺陷。

2）将试件水平固定于焊接架上。

图 3—12　小径管试件及坡口尺寸

3）试件错边量应小于等于 0.5 mm。

3. 焊接参数

焊接参数见表 3—15。

表 3—15　　　　　　　　　　　　　焊接参数

焊接层次	焊接电流 /A	电弧电压 /V	氩气流量 /（L/min）	钨极直径 /mm	焊丝直径 /mm	喷嘴直径 /mm	喷嘴至工件 距离/mm
打底焊	90～95	10～12	8～10	2.5	2	8	≤10
盖面焊	95～100		6～8				

4. 操作要点及注意事项

试件采用 2 层 2 道焊接，每层分两个半圆施焊。

二、操作步骤

1. 打底焊

按非熔化极气体保护焊焊接水平固定钢管时的操作要领进行焊接。

2. 盖面焊

按非熔化极气体保护焊焊接水平固定钢管时的操作要领进行焊接。

3. 清理焊道

按焊道清理要求进行操作。

三、检验

检验项目、方法可参见第 1 章第 4 节学习单元 2 中的检验内容。

第4章

埋 弧 焊

第1节 低碳钢板或低合金钢板的平位对接焊接

 学习单元1 低碳钢板或低合金钢板的平位对接埋弧焊

 学习目标

➤ 掌握低碳钢板或低合金钢板对接埋弧焊工艺参数对焊缝成型的影响。

➤ 了解影响低碳钢板或低合金钢板对接埋弧焊焊接接头质量的因素。

➤ 了解低碳钢板或低合金钢板对接埋弧焊焊接热影响区的组织和性能。

➤ 掌握碳弧气刨清根的操作要领。

➤ 能进行低碳钢板或低合金钢板平位对接的双面埋弧焊。

知识要求

埋弧焊是利用电弧作为热源的焊接方法。埋弧自动焊是以连续送入的焊丝作为电极和填充金属，焊接时电弧是在一层颗粒状的焊剂覆盖下燃烧，将焊丝与母材熔

135

国家职业资格培训教程

化，形成焊缝。焊接过程中电弧光不外露，埋弧焊由此得名。

一、埋弧焊焊接参数对焊缝成型和焊接接头质量的影响因素

1. 焊接电流

当其他焊接参数不变时，焊接电流增加，则焊缝厚度和余高都增加，而焊缝宽度几乎保持不变（或略有增加）。电流是决定熔深的主要因素，增大电流能提高生产效率，但在一定焊接速度下，焊接电流过大会使热影响区过大，易产生焊瘤及焊件被烧穿等缺陷，若电流过小，则熔深不足，产生熔合不好、未焊透、夹渣等缺陷，并使焊缝成型变坏。

2. 电弧电压

当其他焊接参数不变时，电弧电压增大，则焊缝宽度显著增加而焊缝厚度和余高将略有减少，所以电弧电压是决定熔宽的主要因素。电弧电压过大时，焊剂熔化量增加，电弧不稳，严重时会产生咬边和气孔等缺陷。

3. 焊接速度

当其他焊接参数不变、焊接速度增加时，焊缝厚度和焊缝宽度都大幅下降。如焊接速度过快时，会产生咬边、未焊透、电弧偏吹和气孔等缺陷，以及焊缝余高大而窄，成型不好；如焊速过慢，则焊缝余高过高，形成宽而浅的大熔池，焊缝表面粗糙，容易产生满溢、焊瘤或烧穿等缺陷；当焊接速度过慢且电弧电压又过高时，焊缝截面呈"蘑菇形"，容易产生裂纹。

4. 焊丝直径与伸出长度

焊接电流不变，减小焊丝直径时，电流密度会增加，从而熔深增大，焊缝成型系数减小。因此，焊丝直径应与焊接电流相匹配，不同直径焊丝的焊接电流范围参见表4—1。

表4—1 　　　　　　　　　　　不同直径焊丝的焊接电流范围

焊丝直径/mm	2	3	4	5	6
电流密度/（A/mm²）	63~125	50~85	40~63	35~50	28~42
电缆电流/A	200~400	350~600	500~800	500~800	800~1200

焊丝伸出长度增加时，熔敷速度和熔敷金属数量都会增加。

5. 焊丝倾角

单丝焊时，焊件放在水平位置，焊丝与工件垂直。当采用前倾焊时，焊缝成型系数增加，熔深浅，焊缝宽，一般适用于薄板焊接。焊丝后倾时，焊缝成型不良，

一般用于多丝焊的前导焊丝。

6. 焊件位置

当进行上坡焊，熔池液体金属在重力和电弧作用下流向熔池层尾部，电弧能深入到熔池底部，使焊缝厚度和余高增加，宽度减小。如上坡角度大于 6°～12°时，成型会恶化，因此，自动焊时，实际上总是避免采用上坡焊。下坡焊的情况正好相反，但角度大于 6°～8°时，则会导致未焊透和熔池铁液溢流，使焊缝成型恶化。

7. 装配间隙与坡口角度

由于埋弧焊可使用较大电流焊接，电弧具有较强穿透力，所以当焊件厚度不太大时，一般不开坡口也能将焊件焊透。但随着焊件厚度的增加，提高焊接电流又受到限制，为了保证焊件焊透，并使焊缝有良好的成型及性能，这时就应在焊件上开坡口。坡口形式以 Y 形、X 形、U 形坡口最为常用。一般情况下，当焊件厚度为10～24 mm 时，多采用 Y 形坡口；厚度为 24～60 mm 时，可开 X 形坡口；对一些要求高的厚大焊件的重要焊缝，如锅炉、锅筒等压力容器，一般多开 U 形坡口。在其他条件相同时，增加坡口深度和宽度，则焊缝熔深略有增加，熔宽略有减小，余高和熔合比显著减小。因此，通常可以用开坡口的方法来控制焊缝的余高和熔合比。埋弧焊焊缝坡口的基本形式已经标准化，各种坡口适用的厚度、基本尺寸和标注方法可参照 GB/T 985.2—2008《埋弧焊的推荐坡口》中的规定。

在对接焊缝中，改变间隙大小也可以作为调整熔合比的一种手段，而单面焊道完全熔透板厚时，改变间隙对熔合比几乎不起作用。

8. 焊剂层厚度与粒度

焊剂层厚度增大时，熔宽减小，熔深略有增加。焊剂层太薄时，电弧保护不好，容易产生气孔或裂纹；焊剂层太厚时，焊缝变窄，焊缝成型系数减小。

焊剂颗粒度增加，熔宽加大，熔深略有减小；若过大，不利于熔池保护，易产生气孔。

二、碳弧气刨清根的操作要领

1. 原理

碳弧气刨是使用石墨棒或碳棒与工件间产生的电弧将金属熔化，并用压缩空气将其吹掉，实现在金属表面上加工沟槽的方法。在焊接生产中，主要用来刨槽、清除焊缝缺陷和背面清根。

2. 应用范围

（1）双面焊时，用于清除背面焊根。

（2）清除焊缝中的缺陷。

（3）加工焊缝坡口。自动碳弧气刨用于加工较直的直缝和环缝的坡口；手工碳弧气刨用于加工单件或不规则焊缝的坡口。

（4）切割高合金钢、铝、铜及其合金。

3. 工艺参数

（1）电流

电流对刨槽的尺寸影响很大，电流增加时，刨槽的宽度增加，深度增加更多，采取大电流可以提高刨削速度，并获得较光滑的刨槽；电流小则容易产生夹碳现象。电流可以按以下经验公式计算：

$$I = （30 \sim 50） D$$

式中　I——气刨电流，A；

　　　D——碳棒直径，mm。

（2）刨削速度

刨削速度对刨槽尺寸、表面质量都有一定影响。通常刨削速度为 0.5 ~ 1.2 m/min 较合适。

（3）电弧长度

气刨时，电弧长会引起电弧不稳定，甚至造成熄弧。操作时一般宜用短弧，以提高生产效率和碳棒利用率。一般电弧长度以 1 ~ 2 mm 为宜。

（4）碳棒伸出长度

碳棒从钳口到电弧端的长度为伸出长度。操作时，碳棒合适的伸出长度为 80 ~ 100 mm，当烧损到 20 ~ 30 mm 后就要进行调整。

4. 碳棒倾角

碳棒与工件沿刨槽方向的夹角称为碳棒倾角，刨槽的深度与倾角有关。倾角增大，刨槽深度增加；反之，倾角减小，则刨槽深度减小。碳棒的倾角一般为 25° ~ 45°。

三、埋弧焊焊接操作要点

1. 平板对接焊缝埋弧自动焊操作要点

（1）在临时衬垫上的双面埋弧自动焊

焊件装配时，对接接头处留有一定宽度的间隙，以保证细粒焊剂能进入并填满，反面用临时衬垫封死，临时衬垫通常采用厚 3 ~ 4 mm、宽 30 ~ 50 mm 的薄板钢带，也可采用石棉板（见图 4—1）。焊完正面后，除掉临时衬垫，清除间隙内的焊剂和焊缝根部的渣壳，再进行工件反面的焊接。

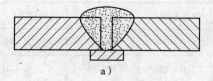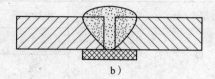

图 4—1 临时衬垫上的双面埋弧自动焊

a）薄钢带垫板 b）石棉板垫板

（2）无间隙或小间隙的无衬垫双面埋弧自动焊

无间隙的无衬垫双面埋弧自动焊对焊件的边缘加工和装配质量要求较高。焊件边缘必须平直，装配间隙应小于 1 mm，间隙大了容易造成烧穿现象，或者熔池金属和熔渣从间隙中流失。为了保证焊缝有足够的厚度，又不至于烧穿，在焊接正面时，焊缝厚度应为焊件厚度的 40% ~ 50%。翻过来进行背面焊时，焊缝厚度应达到焊件厚度的 60% ~ 70%，如图 4—2 所示。表 4—2 为无衬垫双面埋弧自动焊的焊接参数。

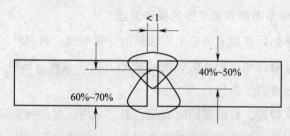

图 4—2 无衬垫双面埋弧自动焊

表 4—2　　　　　　　　　无衬垫双面埋弧自动焊的焊接参数

焊件厚度/mm	焊丝直径/mm	焊接顺序	焊接电流/A	电弧电压/V	焊接速度/（m/h）
4	2	正	240 ~ 260	30 ~ 32	36 ~ 40
		反	300 ~ 340	32 ~ 34	36 ~ 40
6	3	正	340 ~ 360	32 ~ 34	36 ~ 40
		反	460 ~ 480	32 ~ 34	36 ~ 40
8	4	正	420 ~ 460	34 ~ 36	36 ~ 40
		反	520 ~ 580	34 ~ 36	36 ~ 40
10		正	480 ~ 520	34 ~ 36	36 ~ 40
		反	640 ~ 680	36 ~ 38	36 ~ 40

焊件厚度/mm	焊丝直径/mm	焊接顺序	焊接电流/A	电弧电压/V	焊接速度/（m/h）
12	4	正	560~600	34~36	36~40
		反	700~750	36~38	36~40
14	5	正	720~780	36~38	34~38
		反	820~880	36~38	34~38
16		正	720~780	38~40	26~30
		反	820~880	38~40	26~30
18		正	720~770	38~40	26~30
		反	820~870	38~40	26~30
20~22		正	820~860	38~40	24~28
		反	900~950	38~40	24~28

2. 埋弧自动焊单面焊双面成型的操作要点

埋弧自动焊单面焊双面成型是采用较强的焊接电流，将焊件一次焊透，使熔池金属在衬垫上冷却凝固而达到反面也能成型的方法。这种方法可以提高生产效率，减轻劳动强度和改善劳动条件。

为使焊缝一次焊透，且两面同时成型，必须采用可靠的衬垫装置，用以托住熔池的液态金属，以防止熔化金属在自重作用下，从熔池底部流失。

（1）衬垫的性能

为了使焊缝成型良好，衬垫应具备以下性能：

1）在熔池高温作用下，能保持自身形状，防止烧穿。

2）沿焊接坡口有良好的紧贴性（即有一定的紧贴力），以防止液态金属从不够紧贴的缝隙中流失。

3）能控制反面焊缝的宽度和余高使其比较均匀。

（2）衬垫的分类

目前，使用的衬垫有铜垫和焊剂垫两大类。

1）铜垫。由于纯铜的导热性良好，所以是一种理想的衬垫材料。铜垫是用一定宽度和厚度的铜板制成的。其形状如图4—3所示。

各种焊件厚度的铜垫板成型槽的尺寸见表4—3。

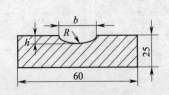

图4—3　铜垫板截面

表4—3　　　　　　　　　　铜垫板成型槽的尺寸　　　　　　　　　　mm

焊件厚度	槽宽b	槽深h	槽曲率半径R
4～6	10	2.5	7.0
6～8	12	3.0	7.5
8～10	14	3.5	9.5
12～14	18	4.0	12.0

铜垫板应用适当的机械方法紧贴在焊件背面，使其有效地承托熔池金属。

2）焊剂垫。利用焊件的自重或充气的橡胶软管承托焊剂。焊剂可防止熔池金属流失，但因焊剂颗粒度的不均匀，难以保证承托压力的均匀性，因此，反面焊缝的宽度和余高常常不够均匀。

（3）焊接参数

单面焊双面成型工艺的焊接参数见表4—4。

表4—4　　　　　　　　　　单面焊双面成型工艺的焊接参数

焊件厚度/mm	装配间隙/mm	焊丝直径/mm	焊接电流/A	电弧电压/V	焊接速度/（m/h）
3	2	3	380～420	27～29	47
4	2	4	450～500	29～31	41
6	3	4	550～600	33～35	37
8	3	4	680～720	35～37	32
10	4	4	780～820	38～40	27
12	5	4	850～900	39～41	23
14	5	4	880～920	39～41	21

 技能要求1

低碳钢板的平位对接单面焊双面成型埋弧焊

一、操作准备

1. 试件尺寸及要求

试件材料：Q235。

试件尺寸：$\delta = 10$ mm，500 mm × 150 mm，两块。

试件预留间隙尺寸：如图4—4所示。

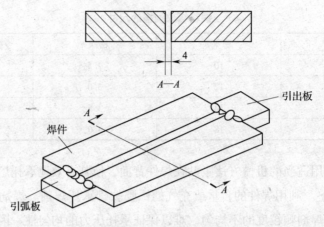

图4—4 试件预留间隙

焊接位置：平焊。

焊接要求：焊接时，采用焊剂—铜垫法，实现单面焊双面成型。

焊接材料：焊丝 H10MnSi、$\phi4$ mm，焊剂 HJ431（焊接材料经 200~250℃烘干 1~2 h）。

定位焊用焊条：E5015、$\phi4$ mm（焊接材料经 350~400℃烘干 1~2 h）。

焊机：MZ1 – 1000 型。

2. 组装与点焊

（1）焊接前，将带槽铜垫和试件按如图4—5所示装配。装配时，铜垫需贴紧于焊件的下方。同时，铜垫板要有一定的厚度和宽度，其体积大小应能足够承受焊接的热量而不致熔化。焊剂的敷设程度直接影响到焊缝成型，预埋焊剂的颗粒应采用每 25.4 mm × 25.4 mm 为 10 × 10 个眼孔的筛子过筛的焊剂。

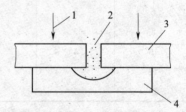

图4—5 带槽铜垫和试件
装配示意图
1—压紧力 2—预放的焊剂
3—焊件 4—铜垫

（2）装配间隙为 4 mm。

（3）试件错边量应小于等于 1 mm。

（4）在试板两端焊引弧板与引出板，并做定位焊，它们的尺寸为 100 mm × 100 mm × 14 mm。

二、操作步骤

1. 坡口清理

清除试件坡口面及其正反两侧 20 mm 范围内油、锈及其他污物，至露出金属光泽。

反变形量的设置：试件反变形量为 3°。

2. 焊接参数

焊接参数见表 4—5。

表 4—5 焊接参数

装配间隙	焊丝直径/mm	焊接电流/A	焊接电压/V	焊接速度/（m/h）
4	4	780 ~ 820	38 ~ 40	25 ~ 30

3. 焊接步骤

单面焊双面成型埋弧焊是采用较大的装配间隙和较强的焊接电流，在正面将焊件一次焊透；使熔池金属在衬垫上冷却凝固，达到反面也能成型的目的。焊接过程中，电弧在较大的间隙中燃烧，使预埋在缝隙间和铜垫槽内的焊剂与焊件一起熔化。随着焊接电弧的向前推进，离开焊接电弧的液态金属和熔渣渐渐凝固，在反面焊缝表面与铜垫之间也形成一层渣壳。冷却后，取出焊件，除去渣壳，便得到正、反两面都有良好成型的焊缝。

由于 MZ1 - 1000 埋弧焊机采用等速送丝控制方式，焊接速度与送丝速度需匹配，焊接小车传动电动机采用双端输出轴结构，一端连接送丝减速器，另一端连接行走减速器，调整速度的方法是更换可调齿轮，速度与齿轮传动比的关系可通过查表来确定，选择齿轮并正确安装即可。焊车传动系统如图 4—6 所示。

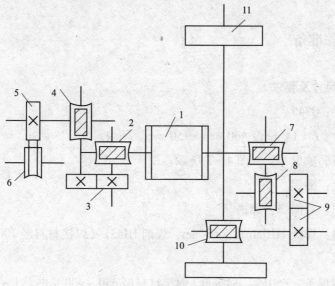

图 4—6 焊车传动系统

1—电动机 2、4、7、8、10—蜗轮蜗杆 3、9—可调齿轮 5—送丝滚轮

6—从动压紧滚轮 11—焊车主动轮

1）引弧。将焊接小车放在焊车导轨上，开亮焊接小车前端的照明指示灯，调节小车前后移动的把手，使导向针在指示灯照射下的影子对准基准线，打开焊剂漏斗阀门，待焊剂堆满预焊部位后，即可开始引弧焊接。

2）焊接过程。焊接过程中，应随时观察控制盘上电流表和电压表的指针、导电嘴的高低、导向针的位置和焊缝成型情况。如果电流表和电压表的指针摆动很小，表明焊接过程很稳定。如果发现指针摆动幅度增大、焊缝成型恶化时，可随时调整控制盘上各个旋钮。当发现导向针偏离基准线时，可调节小车前后移动的手轮，调节时操作者所站的位置要与基准线对正，以防更偏。

3）收弧。当熔池全部到达引出板后，开始收弧：先关闭焊剂漏斗，再按下一半停止按钮，使焊丝停止给送，小车停止前进，但电弧仍在燃烧，以使焊丝继续熔化填满弧坑，并以按下一半按钮的时间长短来控制弧坑填满的程度。当弧坑填满后将停止按钮按到底，熄灭电弧，结束焊接。

4. 清理

全部焊完以后，去除焊缝表面渣壳，检查焊缝的外观质量。

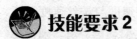

技能要求2

低合金钢板的平位对接双面埋弧焊

一、操作准备

1. 试件尺寸及要求

试件材料：Q345。

试件尺寸：$\delta = 14$ mm，400 mm × 150 mm，两块。

试件预留间隙尺寸：如图4—7所示。

焊接位置：平焊。

焊接要求：双面焊，焊透。

焊接材料：焊丝 H10MnSi、$\phi 5$ mm，焊剂 HJ431（焊接材料经200～250℃烘干1～2 h）。

定位焊用焊条：E5015、$\phi 4$ mm（焊接材料经350～400℃烘干1～2 h）。

焊机：MZ－1000型。

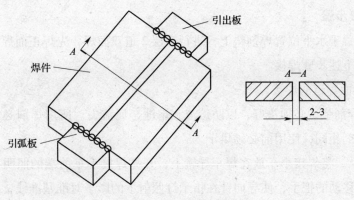

图 4—7　试件预留间隙

2．组装与点焊

（1）焊接装配要求如图 4—8 所示。

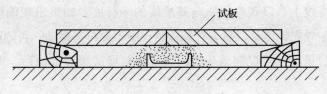

图 4—8　试件装配

（2）始端装配间隙为 2 mm，终端为 3 mm。

（3）试件错边量应小于等于 1 mm。

（4）在试板两端焊引弧板与引出板，并做定位焊，它们的尺寸为 100 mm × 100 mm × 14 mm。

二、操作步骤

1．坡口清理

清除试件坡口面及其正反两侧 20 mm 范围内油、锈及其他污物，至露出金属光泽。

反变形量的设置：试件反变形量为 3°。

2．焊接参数

焊接参数见表 4—6。

表 4—6　　　　　　　　　　　　焊接参数

焊接位置	焊丝直径/mm	焊接电流/A	焊接电压/V	焊接速度/（m/h）
正面	5	700 ~ 750	直流反接 32 ~ 34	25 ~ 30
背面		800 ~ 850		

3. 焊接步骤

将试件置于水平位置焊剂垫上，进行2层2道双面焊，先焊正面焊道，后焊背面焊道。按下述步骤焊接。

（1）正面焊道的焊接

1）垫焊剂垫。必须垫好，以防熔渣和熔池金属流失。所用焊剂必须与试件焊接所用的焊剂相同，使用前必须烘干。

2）引弧。将焊接小车放在焊车导轨上，开亮焊接小车前端的照明指示灯，调节小车前后移动的把手，使导向针在指示灯照射下的影子对准基准线，导向针端部与焊件表面要留出2～3 mm间隙，避免焊接过程中与焊件摩擦产生电弧，甚至短路使主电弧熄灭。导向针应比焊丝超前一定的距离，以避免受到焊剂的阻挡影响观察。焊前先将离合器松开，用手将焊接小车在导轨上推动，观察导向针的影子是否始终照射在基准线上，以观察导轨与基准线的平行度。如果出现偏移，可轻敲导轨，进行调整。导向针调整以后，在焊接过程中不要再去碰动，否则会造成错误指示使焊缝焊偏。最后打开焊剂漏斗阀门，待焊剂堆满预焊部位后，即可开始引弧焊接。

3）焊接过程。焊接过程中，应随时观察控制盘上电流表和电压表的指针、导电嘴的高低、导向针的位置和焊缝成型情况。如果电流表和电压表的指针摆动很小，表明焊接过程很稳定。如果发现指针摆动幅度增大、焊缝成型恶化时，可随时调整控制盘上各个旋钮。当发现导向针偏离基准线时，可调节小车前后移动的手轮，调节时操作者所站的位置要与基准线对正，以防更偏。

为了保证焊缝有足够的厚度，又不被烧穿，要求正面焊缝的熔深达到试件厚度的40%～50%，在实际焊接过程中，这个厚度无法直接测出，而是焊工将试板略为垫高一点，通过观察熔池背面母材的颜色来间接判断。如果熔池背面的母材呈红到淡黄色，就表示达到了所需要的厚度。若此时颜色较深或较暗，说明焊接速度太快，应适当降低焊接速度或适当增加焊接电流。

4）收弧。当熔池全部到达引出板后，开始收弧：先关闭焊剂漏斗，再按下一半停止按钮，使焊丝停止给送，小车停止前进，但电弧仍在燃烧，以使焊丝继续熔化填满弧坑，并以按下一半按钮的时间长短来控制弧坑填满的程度。当弧坑填满后，将停止按钮按到底，熄灭电弧，结束焊接。

5）清理。待焊渣完全凝固，冷却到正常颜色时，松开小车离合器，将小车推离焊件，回收焊剂，清除渣壳，检查焊缝外观质量，如合格则继续焊接。

（2）背面焊道的焊接

1）碳弧气刨清根。对于厚度为 16 mm 以上的钢板，采用预留间隙双面埋弧焊，虽然可以达到焊透的目的，但需要采用较大的焊接电流，使焊缝厚度大大增加，这样容易在焊缝中产生缺陷。改进的办法是在正面焊缝焊完以后，翻转试板，在反面用碳弧气刨清根，如图4—9所示。

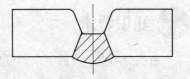

图4—9 碳弧气刨清根

碳弧气刨清根的主要工艺参数是：焊机 ZXG – 400；直流反接；碳棒直径 6 mm；刨削电流 280 ~300 A；压缩空气压力0.4 ~0.6 MPa；槽深5~7 mm；槽宽 6~8 mm。刨削时，要从引弧板的一端沿焊缝的中心线刨至引出板的一端。碳弧气刨清根后要彻底清除槽内和槽口表面两侧的熔渣，并用角磨机轻轻打光表面后，方能进行背面焊缝的焊接。

2）焊接。正面焊缝焊完后，将试板翻转进行反面焊缝的焊接，为了保证焊透，焊缝厚度应达到焊件厚度的60% ~70%，反面焊缝焊接时，可采用较大的焊接电流，其目的是达到所需的焊缝厚度，同时起封底的作用。由于正面焊缝已经焊完，较大的焊接电流也不致于使试件烧穿。

3）清理。全部焊完以后，去除焊缝表面渣壳，检查焊缝的外观质量。

三、注意事项

1. 防止未焊透或夹渣。要求背面焊道的熔深达到焊件厚度的60% ~70%，为此通常以加大焊接电流的方法来实现较为简便。

2. 焊背面焊道时，可不再用焊剂垫，进行悬空焊接，这样可通过在焊接过程中观察背面焊道的加热颜色来估计熔深，也可在焊剂垫上进行焊接。

 学习单元 2　低碳钢板或低合金钢板的平位对接埋弧焊焊接的外观检验

 **学习目标**

➤ 掌握低碳钢、普通低合金钢板埋弧对焊的外观检验方法。

 **知识要求**

根据焊接工艺文件要求对低碳钢板或低合金钢板埋弧焊焊缝外观质量进行自检。

埋弧焊常见缺陷有焊缝成型不良、咬边、未焊透、气孔、裂纹、夹渣、焊穿等。它们产生的原因及预防措施见表4—7。

表4—7 埋弧焊常见缺陷的产生原因及预防措施

缺陷名称		产生原因	预防措施
焊缝表面成型不良	宽度不均匀	1. 焊接速度不均匀 2. 焊丝给送速度不均匀 3. 焊丝导电不良	1. 找出原因排除故障 2. 找出原因排除故障 3. 更换导电嘴衬套（导电块）
	堆积高度过大	1. 焊接电流太大而电弧电压过低 2. 上坡焊时倾角过大 3. 环缝焊接位置不当（相对于焊件的直径和焊接速度）	1. 调节焊接参数 2. 调整上坡焊倾角 3. 相对于一定的焊件直径和焊接速度，确定适当的焊接位置
	焊缝金属满溢	1. 焊接速度过慢 2. 电弧电压过大 3. 下坡焊时倾角过大 4. 环缝焊接位置不当 5. 焊接时前部焊剂过少 6. 焊丝向前弯曲	1. 调节焊接速度 2. 调节电弧电压 3. 调整下坡焊倾角 4. 相对一定的焊件直径和焊接速度，确定适当的焊接位置 5. 调整焊剂覆盖状况 6. 调节焊丝矫直部分
	中间凸起而两边凹陷	焊剂圈过低并有黏渣，焊接时熔渣被黏渣托压	提高焊剂圈，使焊剂覆盖高度达到30～40 mm
气孔		1. 接头未清理干净 2. 焊剂潮湿 3. 焊剂中混有垃圾 4. 焊剂覆盖层厚度不当或焊剂斗阻塞 5. 焊丝表面清理不够 6. 电弧电压过高	1. 接头必须清理干净 2. 焊剂按规定烘干 3. 焊剂必须过筛、吹灰、烘干 4. 调节焊剂覆盖层高度，疏通焊剂斗 5. 焊丝必须清理，清理后应尽快使用 6. 调整电弧电压
裂纹		1. 焊件、焊丝、焊剂等材料配合不当 2. 焊丝中含碳、硫量较高 3. 焊接区冷却速度过快而致热影响区硬化	1. 合理选配焊接材料 2. 选用合格焊丝 3. 适当降低焊接速度、采取焊前预热和焊后缓冷的措施

续表

缺陷名称	产生原因	预防措施
裂纹	4. 多层焊的第一道焊缝截面过小 5. 焊缝成型系数太小 6. 角焊缝熔深太大 7. 焊接顺序不合理 8. 焊件刚度大	4. 焊前适当预热或减小焊接电流，降低焊接速度（双面焊适用） 5. 调整焊接参数和改进坡口 6. 调整焊接参数和改变极性（直流） 7. 合理安排焊接顺序 8. 焊前预热及焊后缓冷
焊穿	焊接参数及其他工艺因素配合不当	选择适当焊接参数
咬边	1. 焊丝位置或角度不正确 2. 焊接参数不当	1. 调整焊丝 2. 调节焊接参数
未熔合	1. 焊丝未对准 2. 焊缝局部弯曲过大	1. 调整焊丝 2. 精心操作
未焊透	1. 焊接参数不当（如焊接电流过小、电弧电压过高） 2. 坡口不合适 3. 焊丝未对准	1. 调整焊接参数 2. 修正坡口 3. 调节焊丝
内部夹渣	1. 多层焊时，层间清渣不干净 2. 多层分道焊时，焊丝位置不当	1. 层间清渣要彻底 2. 每层焊后发现咬边夹渣必须清除修复

 **技能要求**

外观检验（尺寸检验）

外观检验是一种常用的检验方法。以肉眼观察为主，必要时利用放大镜、量具及样板等对焊缝外观尺寸和焊缝表面质量进行全面检查。其表面质量应符合如下要求：

1. 焊缝外形尺寸应符合设计图样和工艺文件规定，焊缝的高度不低于母材，焊缝与母材应圆滑过渡。

2. 焊缝及热影响区表面不允许有裂纹、未熔合、夹渣、弧坑和气孔等。

第2节　低碳钢板或低合金钢板的双丝埋弧焊

 学习目标

➤ 双丝埋弧焊的特点和应用。

➤ 双丝埋弧焊焊接工艺。

➤ 双丝埋弧焊焊接设备的组成。

➤ 双丝埋弧焊焊丝的排列方式及其对焊缝成型的影响。

➤ 双丝埋弧焊的焊接缺陷及预防措施。

 知识要求

一、双丝埋弧焊的特点和应用

1. 双丝埋弧焊的基本知识

多丝埋弧焊是指使用两根或两根以上焊丝完成同一条焊缝的埋弧焊。目前，应用较多的是双丝埋弧自动焊。根据焊丝排列的位置，可分为纵列式、横列式和直列式三种，如图4—10所示。

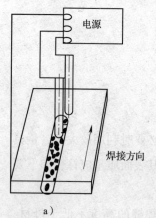
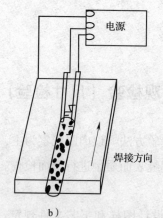
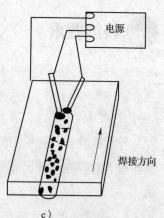

图4—10　双丝埋弧自动焊示意图

a）纵列式　b）横列式　c）直列式

从焊缝成型看，纵列式的焊缝深而窄，横列式的熔宽大，直列式的熔合比小。

2. 双丝埋弧焊的焊接方法

双丝焊时，双丝可以合用一个电源（单独调节较困难）或两个独立电源（设备较复杂，但可单独调节，可采用不同电流种类和极性）。目前，应用最多的是纵列式双丝埋弧自动焊。这种焊接方法又根据焊丝的间距分为单熔池式和双熔池（分列电弧）式两种，如图 4—11 所示。

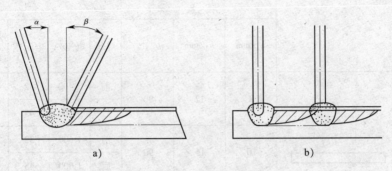

图 4—11　纵列式双丝埋弧自动焊示意图
a) 单熔池式　b) 双熔池（分列电弧）式

3. 双丝窄间隙埋弧自动焊的焊接方法

双丝窄间隙埋弧自动焊为双丝串列方式，前丝向焊接方向倾斜并指向侧壁；后丝垂直向下。前丝接直流电源，为直流反接；后丝接交流电源，以防止两个电弧相互干扰。焊接过程按 1 层 2 道方式进行。

4. 双丝埋弧自动焊的特点

双丝焊技术是将两根焊丝按一定的角度放在一个特别设计的焊枪里，两根焊丝分别由各自的电源供电，所有的参数都可以彼此独立，这样可以最佳地控制电弧。与其他双丝焊技术相比，双丝埋弧自动焊技术不仅可以提高熔敷速度，大大提高焊接效率，而且改善了焊缝质量，减少了飞溅物。

二、双丝埋弧焊焊接工艺

焊接过程中，每个电弧所用的焊接电流及电弧电压是不同的，一般情况下，前导电弧采用较大的电流及较小的电压，目的在于保证足够的熔深；后续电弧采用较小的电流及较大的电压，目的在于使焊缝具有适当的熔宽，改善焊缝成型质量、防止焊接缺陷。

双丝埋弧焊多选用的是纵列式 DC/AC 电源，采用直流反接即焊丝接正极。焊接参数见表 4—8。

表4—8　　　　　　　　　　　　焊接参数

板厚/mm	焊丝数	h_1/mm	h_2/mm	θ/(°)	焊丝	电流/A	电压/V	焊接速度/(cm/min)
20		8	12	90	前	1 400	32	60
					后	900	45	
25		10	15	90	前	1 600	32	60
	双丝				后	1 000	45	
32		16	16	75	前	1 800	33	50
35		17	18	75	后	1 100	45	43
20		11	9	90	前	2 200	30	110
25		12	13	90	中	1 300		95
					后	1 000	45	
32	三丝	17	15	70	前	2 200	33	70
					中	1 400	40	
50		30	20	60	后	1 100	45	40

三、双丝埋弧焊焊接设备的组成

双头双丝埋弧焊机是一种高效埋弧焊接设备，是中厚板提高焊接效率最理想的焊接设备。

1. 主要结构组成

双头双丝埋弧焊机由两台埋弧焊电源（1台直流、1台交流或2台交流电源）、一台双丝埋弧焊小车及控制、焊接电缆等组成。

2. 焊接电源（弧焊焊机）

焊接电源普遍采用一直一交形式，直流电源在焊接时作为前丝打底，交流电源作为后丝盖面。

3. 焊接小车

焊接小车由 1 台行走机座、2 个送丝机头、1 个双丝焊控制系统、焊丝盘、焊剂斗等组成。可以调整两个送丝机头相互之间的距离及焊枪倾斜角度，通常前丝直流不倾斜，后丝交流倾斜 10°～15°，焊枪之间的可调整距离为 30～100 mm。

4. 功能

双丝焊控制系统采用单片机数字化控制，具有以下功能：

（1）可单独控制也可以联动控制焊接机头。

（2）可预置焊接电流、电弧电压、焊接速度等参数。

（3）可选择平特性或降特性两种焊接方式。

四、双丝埋弧焊焊丝的排列方式及其对焊缝成型的影响

多丝埋弧焊是一种既能保证合理的焊缝成型和良好的焊接质量，又可提高焊接速度的焊接方法。多丝焊目前采用最多的是双丝焊，依焊丝的排列位置有纵列式、横列式和直列式三种。

从双丝埋弧焊焊缝成型看，纵向排列的焊缝深而窄；横向排列的焊缝宽度大；直列式的焊缝熔合比小。双丝焊可以用一个电源或两个独立电源，前者设备简单，但每一个电弧功率要单独调节较困难。后者设备复杂，但两个电弧可以独立地调节功率，并且可以采用不同电流种类和极性，以获得更理想的焊缝成型。

双丝焊用得较多的是纵列式，根据焊丝间的距离不同又可分成单熔池和双熔池（分列电弧）两种。单熔池两焊丝间距离为 10～30 mm，两个电弧形成一个共同的熔池和气泡，前导电弧保证熔深，后续电弧调节熔宽，使焊缝具有适当的熔池形状及焊缝成型系数，可大大提高焊接速度。同时，这种方法还因熔池体积大、存在时间长、冶金反应充分，因而对气孔敏感性小。分列电弧各电弧之间距离大于 100 mm，每个电弧具有各自的熔化空间，后续电弧作用在前导电弧已熔化而凝固的焊道上，适用于水平位置平板对接的单面焊双面成型工艺。

五、双丝埋弧焊的焊接缺陷及预防措施

常见缺陷有气孔、夹渣、未焊透、未熔合、咬边、焊瘤、弧坑等。

1. 气孔

双丝埋弧焊产生气孔的原因主要是电弧过长；焊接速度过快；电弧电压过高等。

防止产生气孔的措施是选用合适的焊接参数，特别是薄板自动焊，焊接速度应尽可能小些。

2. 夹渣

双丝埋弧焊产生夹渣的原因主要是坡口角度或焊接电流太小，或焊接速度过快。进行自动焊时，焊丝偏离焊缝中心，也易形成夹渣。

防止产生夹渣的措施是正确选取坡口尺寸，认真清理坡口边缘，选用合适的焊接电流和焊接速度，运丝摆动幅度要适当。多层焊时，应仔细观察坡口两侧熔化情况，每一焊层都要认真清理焊渣。封底焊渣应彻底清除，自动焊要注意防止焊偏。

3. 咬边

双丝埋弧焊产生咬边的原因主要是焊接电流过大、运丝速度快、电弧拉得太长或焊接角度不当等。自动焊的焊接速度过快或焊机轨道不平等原因，都会造成焊件被熔化一定深度，而填充金属又未能及时填满而造成咬边。

防止产生咬边的措施是选择合适的焊接电流和运丝手法，随时注意控制焊接角度和电弧长度；自动焊焊接参数要合适，特别要注意焊接速度不宜过高，焊机轨道要平整。

4. 未焊透、未熔合

双丝埋弧焊产生未焊透和未熔合的原因主要是焊件装配间隙或坡口角度太小、钝边太厚、直径不对、焊接电流过小、焊接速度太快及电弧过长等。焊件坡口表面氧化膜、油污等没有清除干净，或在焊接时该处流入熔渣妨碍了金属之间的熔合或运丝手法不当、电弧偏在坡口一边等原因，都会造成边缘不熔合。

防止未焊透或未熔合的措施是正确选取坡口尺寸，合理选用焊接电流和焊接速度，坡口表面氧化皮和油污要清除干净；封底焊清根要彻底，运丝摆动幅度要适当，密切注意坡口两侧的熔合情况。

5. 其他缺陷

双丝埋弧焊中还常见到焊瘤、弧坑及焊缝外形尺寸和形状上的缺陷。

产生焊瘤的原因主要是运丝不均，造成熔池温度过高，液态金属凝固缓慢下坠，因而在焊缝表面形成金属瘤。产生弧坑的原因主要是熄弧时间过短，或焊接突然中断，或焊接薄板时焊接电流过大等。焊缝表面存在焊瘤影响美观，并易造成表面夹渣；弧坑常伴有裂纹和气孔，严重削弱焊接强度。

防止产生焊瘤的主要措施是严格控制熔池温度，防止产生弧坑的主要措施是采用合理的焊接参数。

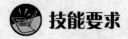**技能要求**

低合金钢板的双丝埋弧焊

一、操作准备

1. 试件尺寸及要求

试件材料：Q345。

试件及坡口尺寸：如图 4—12 所示，厚度为 20 mm。

焊接位置：平焊。

焊接要求：单面焊双面成型。

焊接材料：焊丝 H08MnA、ϕ5 mm，焊剂选用 SJ501。

焊接电源：DC/AC 匹配。

焊接设备：MZ－1000 型。

2. 组装与点焊

焊接装配要求如图 4—13 所示。

试件错边量应小于等于 1 mm。在试板两端焊引弧板与引出板，并做定位焊，它们的尺寸为 180 mm×200 mm×20 mm。

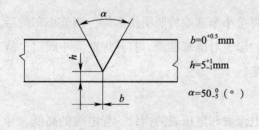
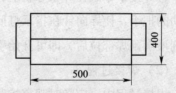

$b=0^{+0.5}$mm

$h=5^{+1}_{-1}$mm

$\alpha=50^{0}_{-5}$（°）

图 4—12 试件坡口 　　　　　　图 4—13 焊接装配及定位焊示意图

二、操作步骤

1. 焊接参数

双丝埋弧焊其焊丝排列形式选用的是纵列式双丝用的电源，应与 DC/AC 电源相匹配，采用直流反接即焊丝接正极。

焊接参数：前丝焊接电流为 1 200 A、电压 30 V；后丝焊接电流为 950 A、电压 40 V；焊接速度为 620 mm/min；焊丝直径均为 5 mm。

双丝埋弧焊由于自身的工艺特点，焊丝在布置上有特殊的要求，试件焊接时采用双丝布置，如图4—14所示。双丝之间的间距不可过小，若过小则综合电流强大，会导致焊件烧穿；也不可过大，若过大则会造成夹渣等缺陷。双丝埋弧焊焊接板厚为20 mm，可单面焊双面成型。焊前需先用CO_2保护焊进行点焊，焊接时焊缝背面加陶瓷衬垫并固定好。

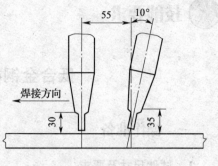

图4—14　双丝布置图

2. 注意事项

（1）埋弧焊缝坡口表面及其周围20 mm范围内必须无油、无锈和无水分，点焊焊点处应清除氧化皮及杂物，否则焊缝内部和焊缝表面会产生气孔。

（2）焊剂要求烘干，焊剂烘干温度为300~400℃，时间为2 h。焊剂覆盖高度要超过单丝埋弧焊剂覆盖高度，本焊接规范下焊剂覆盖高度为40 mm。

3. 自动焊接

双丝埋弧焊在引弧时并非两根焊丝同时引弧，而是前丝先起弧，在电弧稳定并前进一小段距离（30~50 mm）后，后丝在前丝未凝固的熔池表面引弧；自动进行焊接；焊接结束时前丝先停弧，后丝在填满弧坑后熄弧。

（1）引弧

将焊接小车放在焊车导轨上，开亮焊接小车前端的照明指示灯，调节小车前后移动的把手，使导向针在指示灯照射下的影子对准基准线，打开焊剂漏斗阀门，待焊剂堆满预焊部位后，即可开始引弧焊接。

（2）焊接过程

焊接过程中，应随时观察控制盘上电流表和电压表的指针、导电嘴的高低、导向针的位置和焊缝成型情况。如果电流表和电压表的指针摆动很小，表明焊接过程很稳定。如果发现指针摆动幅度增大、焊缝成型恶化时，可随时调整控制盘上各个旋钮。当发现导向针偏离基准线时，可调节小车前后移动的手轮，调节时操作者所站的位置要与基准线对正，以防更偏。

（3）收弧

前丝先停弧，后丝在填满弧坑后熄灭电弧，结束焊接。

4. 清理

待焊渣完全凝固，冷却到正常颜色时，松开小车离合器，将小车推离焊件，回收焊剂，清除渣壳，检查焊缝外观质量。

三、外观检验

按本章第 1 节学习单元 2 的方法检验。

第 3 节 不锈钢覆层的带极埋弧堆焊

 **学习目标**

➢ 带极埋弧堆焊的特点和应用。

➢ 带极埋弧堆焊工艺。

➢ 带极规格对埋弧堆焊工艺的影响。

➢ 带极埋弧堆焊设备的组成。

➢ 带极埋弧堆焊缺陷及预防措施。

➢ 能进行不锈钢覆层的带极埋弧堆焊。

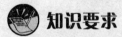 **知识要求**

一、带极埋弧堆焊的特点和应用

带极埋弧堆焊是为增大或恢复焊件尺寸，或使焊件表面获得具有特殊性能的熔敷金属而进行的焊接。

带极埋弧堆焊具有熔敷率高、稀释率低、焊道宽且成型美观等优点，是当前大面积堆焊中应用最广泛的堆焊方法。带极埋弧堆焊时，在带极端面同时有两个以上电极燃烧。这些电弧由于相互吸引力的作用迅速向带极中央移动合并成单个电弧，同时又在电极端面离工件表面最近处同时燃烧多个电弧，这样反复使得电弧从电极一端向另一端漂移，这一过程相当于焊丝摆动的作用，从而获得了浅的熔深。另一方面，带极焊接电流集中于电弧的燃烧点上，使邻近电弧点的电流密度增大。加上带极本身的电阻热，带极的熔敷率明显增加。

二、带极埋弧堆焊工艺

带极埋弧堆焊焊接参数主要包括焊接电流、堆焊速度、电弧电压、带极伸出长度和焊剂层的厚度等。

焊接电流对堆焊层的质量和成型产生重大影响。焊接电流过小，会形成窄焊道，边缘不均匀，还可能出现未焊透，电弧燃烧也不稳定，甚至熄弧、短路、顶出导电块等。如焊接电流过大，则焊道形状也会恶化，在较大的焊接电流和较高的焊接速度下，熔渣会流到带极前面，而影响焊道的成型。

电弧电压对堆焊焊道的表面形状和光滑度有较大的影响，但对带极的熔化率和母材的熔透深度影响较小。最合适的电弧电压决定于带极的材料和焊剂的类型。对于碳素钢堆焊，合适的电压范围为 28～31 V。

带极堆焊速度对焊道的形状也有一定的影响。它取决于带极的规格、带极材料种类、焊剂的类型和工件结构形状等。选择恰当的堆焊速度可以达到所需的母材熔透深度和较高的堆焊效率。通常，对于宽度为 20～50 mm 的带极，堆焊速度可在 0.15～0.55 cm/s 范围内变化。堆焊速度应与所选定的焊接电流和电弧电压相匹配。

带极的伸出长度对带极的加热、带极熔敷率及焊道成型有一定的影响，最常用的伸出长度为 25～30 mm。

焊剂层的厚度对堆焊过程的稳定性及焊道的成型有一定的影响，通常焊剂层厚度在 25～35 mm。

三、带极规格对埋弧堆焊工艺的影响

带极埋弧堆焊采用钢带作为电极，其形状为长方形，一般宽度为 60 mm，厚度为 0.4～0.6 mm。堆焊时，宜用低焊速、小电流和低的电弧电压，从而得到相应宽度的堆焊层及理想的合金过渡系数。表4—9 为常用不锈钢带极埋弧堆焊焊接参数。

表 4—9　　　　　　　　　常用不锈钢带极埋弧堆焊焊接参数

带极牌号	规格/mm	焊接电流/A	电弧电压/V	焊接速度/(cm/min)	带极伸出长度/mm	带极倾角/(°)	焊道搭边量/mm	堆焊厚度/mm
1Cr26Ni10	0.5×60	600～800	30～35	22	36～42	15	4～6	3～4.5
00Cr20Ni10		650～750	30～38	20			5～8	4.0～6.0

四、带极埋弧堆焊设备

带极埋弧堆焊是采用厚 0.4～0.8 mm、宽 25～80 mm 的钢带作为电极进行堆焊，其工作原理如图4—15 所示。

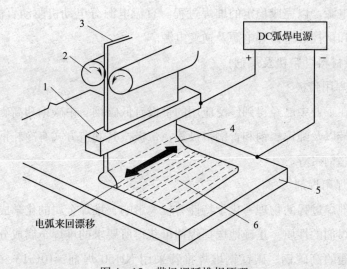

图 4—15　带极埋弧堆焊原理

1—导电块　2—给送辊轮　3—带极　4—焊剂　5—母材　6—堆焊金属

带极埋弧堆焊是埋弧自动焊的又一项新技术，主要用于碳素钢和低合金结构钢表面大面积堆焊耐腐蚀或耐磨金属层，以达到整个装置或结构表面比基体材料耐腐蚀或抗磨损的目的。所以，带极埋弧堆焊基本属于异种材料熔化焊。

1. 带极埋弧堆焊焊接设备的组成

埋弧堆焊用设备由焊接机头、焊车行走机构、工件移动装置、自动控制系统、焊接电源和其他辅助装置组成。

（1）埋弧堆焊用机头

带极埋弧堆焊用焊接机头与标准的丝极埋弧自动焊机基本相同。由于埋弧堆焊时，通常选用较高送丝速度，故对送丝机构及传动比略做修改。如采用串联电弧双丝堆焊或多丝堆焊，则应对机头的送丝轮和导电嘴做合理的改装。送丝机构传动系统的控制一般均按等速给送设计。

（2）埋弧堆焊焊机行走机构

堆焊焊机行走机构基本上分成三大类，一类是标准型小车，可沿轨道或仿形靠模按规定速度行走。另一种类型是横梁拖架型堆焊焊机，这种类型堆焊焊机主要用于平板直线堆焊。第三类是梁柱型操作机堆焊装置，这类设备与滚轮架、转胎和变位器配套可以堆焊各种形状的工件。

2. 焊接电源与极性

堆焊用焊接电源基本与普通埋弧自动焊电源相同，分交流和直流两大类。电源特性分陡降特性和平特性，某些电源为缓降外特性。对于大规范高效堆焊，均采用平特性焊接电源，以完成稳定的堆焊过程。直流电源分电动机驱动直流弧焊电源、硅整流电源和可控硅型弧焊电源及逆变电源。

3. 焊接材料（带极及焊剂）

（1）堆焊用带极

目前，在工业中已经得到广泛应用的带极有低碳钢、中碳钢和高碳钢带、铬和镍耐腐蚀钢带以及纯镍、铜和青铜带极等。带极按其制造方式有冷轧钢带、金属烧结钢带和药芯钢带等。

（2）堆焊用焊剂

焊剂对堆焊过程的物理—化学特性有较大影响，堆焊金属的化学成分在很大程度上取决于焊剂的性质。正确地选择焊剂可获得所要求的堆焊金属成分。

对于普通的高碳钢、碳锰钢堆焊推荐采用 NJ150 焊剂，10Cr13、20Cr13 也可采用这种焊剂，对于铬镍奥氏体耐腐蚀钢可以采用 HJ151 和 HJ172 型熔炼焊剂，对于要求一般的耐腐蚀钢可采用 HJ 260 型熔炼焊剂。

4. 焊接操作要点

堆焊技术主要是控制好机头与工件的相对位置，工件位置对母材的混合比有重要影响，对焊缝的稀释率也有一定的影响。

五、不锈钢带极埋弧堆焊缺陷的产生原因及预防措施

不锈钢带极埋弧堆焊的主要缺陷有气孔、夹渣、熔深不均匀、咬边等。

1. 气孔

不锈钢带极埋弧堆焊产生气孔的原因主要是电弧过长，焊接速度过快；电压过高；焊剂层太厚等。

防止产生气孔的措施是选用合适的焊接工艺参数，控制好焊接速度和焊剂层厚度。

2. 夹渣

不锈钢带极埋弧堆焊产生夹渣的原因主要是焊接电流太小，或焊接速度过快。

防止产生夹渣的措施是认真清理焊接表面，选用合适的焊接电流和焊接速度。

3. 熔深不均匀、咬边

不锈钢带极埋弧堆焊产生熔深不均匀、咬边的原因主要是由磁场对电流的反作用（劳伦兹力）所引起的。从物理学中知道，当在两条平行导线中通以方向相同的电流时，电磁力的作用将使它们相互吸引而靠近。其结果是带极两侧的熔池中的金属，被迫向熔池中央流动，形成了咬边；此外，带极中央部位由于电磁力的作

用，电流密度比两边大，熔深也自然要稍深。

防止产生熔深不均匀、咬边的措施是焊接时调整好附加磁场的强度和方向。

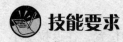 **技能要求**

不锈钢覆层的带极埋弧堆焊

一、操作准备

1. 试件

材料：Q345。

尺寸：30 mm×400 mm×600 mm。

堆焊厚度：4 mm。

焊接位置：平焊。

焊接材料：焊剂 SJ305A，带极 H308L（H00Cr20Ni10）。

焊接设备：MZ－1000 型。

2. 要求

堆焊前应清理待堆焊表面，除去水分、铁锈、油污等杂质。在堆焊前应测试焊接速度，焊剂经 300～350℃ 烘干 2 h 后使用。

二、操作步骤

1. 焊接参数

焊带规格：0.5 mm×60 mm。

焊接电流：750～760 A。

电弧电压：28～30 V。

焊接速度：110～140 cm/min。

焊接时层间温度：低于 150℃。

2. 焊接操作要求

焊接时层间温度应低于 150℃。

焊剂层的厚度为 25～30 mm，焊剂层太厚，则气体不易逸出，易产生气孔等缺陷。

带极伸出长度为 32～35 mm。

焊道的打磨方向应平行于焊道而不应垂直于焊道，打磨后的表面不应出现过热的深蓝色。

焊接过程如下：

（1）将焊接小车摆放好，调整焊带位置，使焊带对准焊接位置，往返拉动小车几次，保证焊带在整条焊缝上均能对中，且不与焊件接触。

（2）引弧前将小车拉到起焊位置上，调整好小车行走方向开关，锁定行走离合器之后，按动送丝、退丝按钮，使焊带端部与试件轻轻而可靠地接触。最后将焊剂漏斗阀门打开，让焊剂覆盖焊接处。

引弧后，迅速调整相应的旋钮，直至相关的工艺参数符合要求，电压表、电流表指针摆动减小、焊接稳定为止。

（3）当焊接熔池到达焊接终点时，应马上收弧。待焊缝金属及熔渣冷却凝固后，敲掉焊缝的渣壳，并检查焊缝外观质量。

3. 注意事项

（1）带极埋弧堆焊，使用平特性电源效果更好。

（2）堆焊位置以水平至2°左右的上坡焊为宜。

（3）焊前，必须将堆焊表面的氧化皮清理干净。

（4）堆焊焊接参数的选择，应以满足焊道厚度要求、保证焊道熔深好、成型美观并控制一定的稀释率为原则。

三、带极堆焊的缺陷检查

不锈钢带极埋弧堆焊的主要缺陷有气孔、夹渣、熔深不均匀、咬边等。用目视或低倍放大镜按要求检查。

堆焊层厚度的均匀性也很重要，所以堆焊层往往经过机械加工才能最后完成。

第5章

气 焊

第1节 管径 $\phi < 60$ mm 低碳钢管的对接 水平固定和 45°固定气焊

 学习目标

➢ 掌握根据低碳钢材质选择气焊火焰的原则。

➢ 了解小径低碳钢管气焊设备的维护和故障排除方法。

➢ 掌握小径低碳钢管全位置气焊的操作要领。

➢ 了解气焊工艺参数对小径低碳钢管焊缝外观质量的影响。

➢ 能进行管径 $\phi < 60$ mm 低碳钢管的对接水平固定和 45°固定气焊。

 知识要求

一、根据低碳钢材质选择气焊火焰的原则

含碳量低于 0.25% 的钢称为低碳钢，因含碳量低，焊接性好，通常不需采用特殊的工艺措施，便可获得优质的焊接接头。低碳钢的薄板常用气焊来焊接，其中以 1~3 mm 的应用最多。对于一般结构，可采用 H08、H08A 焊丝；对于重要结构可采用 H08MnA、H15Mn。焊丝直径可按板厚进行选择，一般情况下不用焊剂。焊接时采用中性焰，乙炔消耗量可根据焊件厚度 δ，按公式 $Q = (100 \sim 120) \delta$ (L/

h）进行计算。根据金属材料成分的不同，焊接时所选用的火焰也有差别，低碳钢气焊时所采用的火焰应为中性焰或乙炔稍多的中性焰。

二、低碳钢管焊接气焊设备故障的产生原因及排除方法

气焊过程中焊炬不能发生异常，点火和焊接过程中发生的火焰异常现象、原因及排除方法见表5—1。

表5—1　　　　　　　　　火焰异常现象、原因及排除方法

现象	原因	排除方法
点火时有爆声	1. 混合气体未完全排除 2. 乙炔压力过低 3. 焊嘴孔径扩大、变形 4. 焊嘴堵塞	1. 排除焊炬内的空气 2. 检查减压器 3. 更换焊嘴 4. 清理焊嘴及射吸管积碳
脱火	乙炔压力过高	调整乙炔压力
焊接中产生爆声	1. 焊嘴过热，黏附脏物 2. 气体压力未调好 3. 焊嘴碰触焊缝	1. 熄火后仅开氧气进行水冷，清理焊嘴 2. 检查乙炔和氧气的压力是否恰当 3. 使焊嘴与焊缝保持适当距离
氧气倒流	1. 焊嘴被堵塞 2. 焊炬损坏无射吸力	1. 清理焊嘴 2. 更换或修理焊炬
回火（有嘘嘘声，焊炬把手发烫）	1. 焊嘴孔道污物堵塞 2. 焊嘴孔道扩大、变形 3. 焊嘴过热 4. 乙炔供应不足 5. 射吸力降低 6. 焊嘴距工件太近	1. 关闭氧气 2. 关闭乙炔 3. 水冷焊炬 4. 检查乙炔系统 5. 检查焊炬 6. 使焊嘴与焊缝保持适当距离

三、管径 $\phi < 60$ mm 低碳钢管全位置气焊的操作要领

1. 穿孔焊法

"穿孔焊法"就是在焊接过程中使金属熔池的前端始终保持一个小熔孔的焊接方法。形成熔孔的目的有两个：第一是使管壁熔透，以得到单面焊双面成型；第二是通过熔孔的大小还可以控制熔池的温度。熔孔的大小能决定背面焊道的高低和宽窄，"穿孔焊法"焊道背面高一些。

（1）根据管壁的厚度，选择好焊炬的型号、焊嘴的号码、焊丝的牌号和直径。

（2）将气焊火焰调至中性焰，并在施焊位置加热起焊点，直至在熔池的前沿形成和装配间隙相当的小熔孔后（见图5—1）方可施焊。

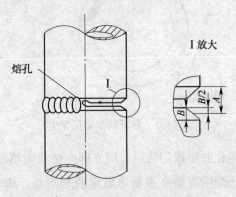

图5—1　穿孔焊法的运丝范围

（3）施焊过程中要使小熔孔不断前移，同时要不断地向熔池中填加焊丝，以形成焊缝。

（4）焰芯端部到熔池的间距一般应保持在 4～5 mm。间距过大会使火焰的穿透能力减弱，不易形成小熔孔；间距过大，火焰焰芯易触及金属熔池，使焊缝产生夹渣、气孔等缺陷。

（5）在保证焊透的前提下，焊接速度应适当地加快。

（6）焊嘴一般要做圆圈形运动，一方面可以搅拌熔池金属，有利于杂质和气体的逸出，从而避免夹渣和气孔等缺陷的产生；另一方面也可以调节并保持熔孔的直径。

（7）中途停止焊接后，若需要再继续施焊时，必须将前一焊缝的熔坑熔透，然后再用"穿孔焊法"向前施焊。

（8）收尾时，可稍稍抬起焊炬，用外焰保护熔池，同时不断地填加焊丝，直至收尾处的熔池填满后，方可撤离焊炬。

2. 非穿孔焊法

"非穿孔焊法"则不要求熔池前端必须形成熔孔，但原则上以熔池底部的焊件钝边完全熔化为准。"非穿孔焊法"焊道背面比较平或有凹陷，不能保证完全熔透。

（1）将气焊火焰调至中性焰后，使焊嘴的中心线与钢管焊接处的切线方向成45°左右的倾斜角，如图5—2所示，并加热起焊点。

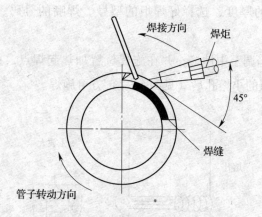

图 5—2　管子的非穿孔焊法

（2）当坡口钝边熔化并形成熔池后，应立即向熔池中填加焊丝。

（3）焊接过程中，焊嘴要始终不断地做圆圈形运动，焊丝要一直处于熔池的前沿，但不要挡住火焰，以免产生未焊透，同时要不断地向熔池中填加焊丝。

（4）收尾时，应在钢管环焊缝接头处重新熔化后，方可使火焰慢慢地离开熔池。

四、气焊焊接参数对小径低碳钢管焊缝外观质量的影响

1. 焊丝直径的选择

焊丝直径应根据焊件的厚度、坡口形式、焊接位置、火焰能率等因素来确定。焊丝过细，焊件尚未熔化而焊丝就已熔化下滴，会造成未熔合、焊缝高低不平及焊缝宽窄不一等缺陷；焊丝过粗，所需的加热时间增长，熔滴增大，焊件加热范围增大，造成热影响区组织过热、熔池大、金属易下淌等，使焊接接头质量降低。

2. 火焰能率的选择

水平固定管气焊属于全位置焊，焊接过程中需随焊接位置的改变及时调整火焰能率，火焰能率过小不能保证焊缝焊透；火焰能率过大又会造成烧穿、焊瘤等缺陷。

3. 焊炬倾角的选择

焊炬倾角大，热量散失少，焊件得到的热量多，升温快；焊炬倾角小，热量散失多，焊件受热少，升温慢。焊接时要根据不同的位置调整焊炬的倾角，使钢管各位置熔池大小符合要求，防止未焊透、烧穿等缺陷。

4. 焊接速度的选择

焊接钢管时应控制好焊接速度，焊接速度过快会使熔池金属凝固快，焊缝中的

气体不易逸出；焊接速度过慢会使焊缝热影响区大，焊缝金属凝固慢，导致组织疏松、致密性差等缺陷。

 技能要求 1

管径 $\phi < 60$ mm 低碳钢管的对接水平固定气焊

水平固定和 45°固定管的气焊比较困难，因为它的操作包括了所有空间焊接位置的焊接，如图 5—3 所示。所以要求焊工应熟练掌握各种空间位置的单面焊双面成型的操作技能。

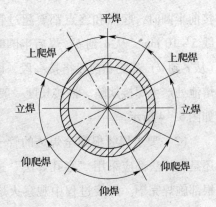

图 5—3 水平固定管焊接位置分布图

一、焊前准备

1. 试件材料

钢管材质为 20 钢。

2. 试件及坡口尺寸

$\phi35$ mm×6 mm 钢管，长度为 70~80 mm，开 V 形坡口，坡口面角度 30°。

3. 焊接位置

水平固定。

4. 焊接要求

气焊打底、盖面，单面焊双面成型。

5. 焊接材料

H12MnA，焊丝直径 3 mm。

二、操作步骤

1. 试件装配

（1）锉钝边

可根据焊缝位置将钝边锉成 0~0.5 mm。

（2）焊件清理

清除坡口及其两侧内外表面 20 mm 范围内的油、锈及其他污物，至露出金属光泽。

（3）装配

1）装配间隙。1.5～2 mm，且小间隙应位于管子时钟6点位置。

2）定位焊。采用两点定位，焊点位置为时钟3点和12点处，焊点长度为10～15 mm，要求焊透并不得有焊接缺陷，定位焊的焊缝高度不超过管壁厚度的2/3。

3）试件错边量应小于等于0.5 mm。

2. 焊接

（1）一般应将管子分成两个半圆进行焊接。焊接前半圆时，起点和终点都要超过管子的垂直中心线5～10 mm，从a到b；焊后半圆时，起点和终点（从c到d）都要和前段搭接一段，以防在起焊点和熔池处产生焊接缺陷。搭接长度一般为10～20 mm，如图5—4所示。

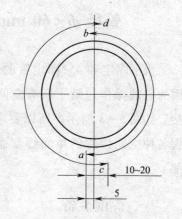

图5—4　水平固定管起点和
终点焊接示意图

a、b—先焊半圆的起点和终点

c、d—后焊半圆的起点和终点

（2）要求焊缝根部全焊透的管子，不论左焊法还是右焊法都应采用"穿孔焊法"进行焊接，直至根部施焊完毕。焊接过程中观察火焰能否穿透坡口边缘及小孔的直径，这是保证焊缝完全熔透的关键，小孔的大小以坡口边缘出现1.5～2 mm熔化缺口为宜。

（3）打底焊。水平固定管的根部起焊点在仰焊位置，焊接时焊嘴和焊丝配合要得当，为保证根部焊透及防止仰焊位置产生塌腰的缺陷最好采用右焊法施焊。为防止塌腰可采取如下操作：起焊时要对焊接区域进行预热，温度升高后将火焰焰芯指向仰焊起焊位置坡口处加热，同时将焊丝顶端适当预热，当坡口熔化后形成熔池时将带熔珠的焊丝顶端快速从对口间隙中伸入管子内壁。一般情况下伸入熔池的液态金属高于管子内壁约1 mm，焊丝未熔化的端头高于管子内壁2～3 mm，同时火焰的焰芯随焊丝端头一起伸入，在保证管壁坡口熔化的同时，重点加热焊丝端头。焊丝与火焰要配合搅拌运动，随着焊缝位置的改变调整焊丝伸入的长度及火焰中心的位置，就能得到满意的仰焊位置焊缝背面高度。仰焊位置根部接头时，火焰在先焊焊缝5～10 mm处加热，形成熔池后加少量焊丝向前施焊，接近收尾处应增加焊丝填入量和送丝力度，并加强焊丝、火焰的搅拌运动，使先焊焊缝尾部消失，仰焊位置的接头便告完成；平焊位置根部封口时，要使熔池深度适当，距被接焊缝约10 mm时，应缓慢降低火焰、焊丝的搅拌速度和焊接速度。距封口处3～4 mm时，火焰、焊丝不要划圈搅拌，而应轻轻地左右摆动，以防润湿性较好的液体金属铺流封口、下淌。当被接焊缝接头处的熔化金属在气流作用下流动时，应继续熔焊 3 ~ 5 mm，然后稍提起火焰焰芯，同时用焊丝搅拌熔池向前运动，连接两焊缝而封口。封口后需保持火焰、焊丝的搅拌继续向前施焊 3 ~ 5 mm，待熔池填满后再慢慢抬火停焊。不论采用左焊法还是右焊法都应注意火焰、焊丝、焊件三者之间的相应夹角及火焰伸入管子内壁的长度。

（4）水平固定管的焊缝呈环形，是全位置焊缝，焊接过程中要将焊丝、焊嘴绕着管子进行旋转。焊丝与焊嘴的夹角应始终保持 90°左右，焊丝、焊嘴与钢管接头处切线的夹角为 45°左右，在实际操作中需根据管壁的厚度和熔池的形状适当调整和灵活掌握，以保证焊缝的质量。

（5）焊接过程中应严格控制熔池温度，既要保证焊缝背面成型符合要求，又要防止因焊缝温度过高而产生过烧和烧穿等缺陷。

（6）水平固定管其他各层的施焊要求。管壁厚度 3 ~ 6 mm 的小直径管对接气焊，一般只需焊两层，即打底焊和盖面焊。若管壁较厚时，要采用多层焊。多层焊时要注意以下几点：

1）层与层之间起焊点的间距应在 20 mm 以上。

2）层与层之间起焊处的金属熔化后方可向熔池中填加焊丝。

3）起焊时，必须待起焊处的金属熔化后方可向熔池中填加焊丝。

4）气焊过程中，焊嘴应做适当的横向摆动，而焊丝仅做往复跳动。当焊丝和气焊火焰相遇后，便形成熔滴进入熔池。

5）焊接中间各层时，火焰能率可适当加大一些，并多填加一些焊丝，以提高生产效率。

6）焊接表层时，火焰能率应适当小一些，以使焊缝表面成型良好。

7）每层焊缝要尽量一次焊完。若中途停止焊接，需再次焊接时，应待前一层焊缝的熔坑形成熔池后，才可向前施焊。

8）收尾时，应将终端和始端重叠 10 mm 左右，并使火焰慢慢地离开熔池，以防止熔池金属被氧化。

（7）水平固定管的表面焊还可采用多道焊进行。由于水平固定管根部焊缝往往比较宽厚，特别是采用根部重叠接头时，接头位置的根部焊缝往往超过管子外壁 1 ~ 2 mm，采用表面两道焊时焊接熔池较小，操作相对容易，焊缝成型良好。焊接表面第一道焊缝时，最好采用左焊法，利用焊接火焰预热并熔化根部焊缝的余高。焊接时控制好与母材的熔合，做到熔合母材 0.5 ~ 1 mm、不偏斜。表面第二道焊缝焊接时既要注意与母材的熔合，还要注意控制好覆盖第一道焊缝的位置。第二道焊缝部分覆盖第一道焊缝，将焊缝表面最高点移向焊缝中心位置，可以使焊缝成型美观。

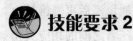 **技能要求 2**

管径 $\phi<60$ mm 低碳钢管的 45°固定气焊

一、焊前准备

1. 试件材料

钢管材质为 20 钢。

2. 试件及坡口尺寸

$\phi35$ mm×6 mm 钢管，长度为 70~80 mm，开 V 形坡口，坡口面角度 30°。

3. 焊接位置

水平固定。

4. 焊接要求

气焊打底、盖面，单面焊双面成型。

5. 焊接材料

H12MnA，焊丝直径 3 mm。

二、操作步骤

45°固定管的气焊与水平固定操作方法基本相同，焊接时由于管的倾斜，焊缝成型不如水平固定管的成型理想。

1. 试件装配

（1）锉钝边。

可根据焊缝位置将钝边锉成 0~0.5 mm。

（2）清除坡口及其两侧内外表面 20 mm 范围内的油、锈及其他污物，至露出金属光泽。

（3）装配。

1）装配间隙。1.5~2 mm，且小间隙应位于管子的时钟面 6 点位置。

2）定位焊。采用两点定位，焊点位置为时钟 3 点和 12 点处，焊点长度为10~15 mm，要求焊透并不得有焊接缺陷，定位焊的焊缝高度不超过管壁厚度的 2/3。

3）试件错边量应小于等于 0.5 mm。

2. 焊接

（1）打底焊缝。由于铁液重力的作用，焊接时需特别注意铁液的下淌，焊丝、火焰应偏向高的一端。焊接过程中应严格控制熔池温度，既要保证焊缝背面成型符合要求，又要防止因焊缝温度过高而产生铁液下淌。为了便于接头和左焊法焊接，用右焊法焊接前半圆时，应在管子中心线的另一侧下坡焊处起焊，向下焊接并绕过管子中心线焊完前半圆，如图 5—5 所示。

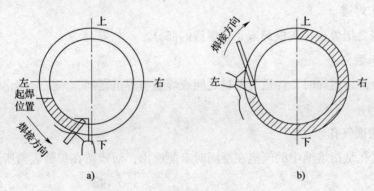

图 5—5　45°固定管的起焊与接头

a）右焊法起焊　b）左焊法接头

（2）45°固定管的焊缝呈环形，是全位置焊缝，焊接过程中要将焊丝、焊嘴绕着管子进行旋转。焊丝与焊嘴的夹角应随焊缝位置及时调整，以便焊缝成型良好。

（3）45°固定管的填充焊和盖面焊。

如采用一道焊焊接时，应使熔池与水平线平行，焊缝宽度相对增加，焊嘴、焊丝应做相应摆动。45°固定管表面焊缝成型如图 5—6 所示。由于 45°固定管焊缝宽度比横焊和立焊要宽，填充和盖面最好采用多道焊进行。

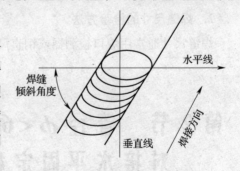

图 5—6　45°固定管表面焊缝成型

三、焊件外观检验

1. 表面焊接缺陷

表面焊接缺陷的判断一般用肉眼或 5 ~ 10 倍的放大镜来检查。

（1）咬边

咬边是指沿焊趾的母材部位产生的沟槽或凹陷部分。

（2）熔坑

熔坑是指在焊道末端所形成的低洼部分。

（3）烧穿

烧穿是指焊接过程中，熔化金属自坡口背面流出所形成的穿孔部分。

（4）焊瘤

焊瘤是指焊接过程中，熔化金属流淌到焊缝之外未熔化的母材上所形成的金属瘤。

（5）未焊透

未焊透是指焊接接头根部未完全熔透的部分。

（6）未熔合

未熔合是指熔焊时，焊道与母材之间或焊道与焊道之间，未完全熔化结合的部分。

（7）表面气孔

表面气孔是指熔池中的气泡在凝固时未能逸出，而残留在焊缝表面所形成的空穴部分。

（8）表面裂纹

表面裂纹是指存在于焊缝表面的缝隙部分，它具有尖锐的缺口和大的长宽比特征。通常把平行于焊缝的裂纹称为纵向裂纹；垂直于焊缝的裂纹称为横向裂纹；产生在熔坑中的裂纹称为熔坑裂纹。

2. 焊缝尺寸的检验方法

焊缝尺寸通常用焊口检测器或钢直尺、90°角尺等工具来检查。

第 2 节　管径 $\phi < 60$ mm 低合金钢管的对接水平固定和垂直固定气焊

 **学习目标**

➤ 掌握根据低合金钢材质选择气焊火焰的原则。

➤ 了解管径 $\phi < 60$ mm 低合金钢管气焊设备的维护和故障排除方法。

➤ 掌握管径 $\phi < 60$ mm 低合金钢管气焊的操作技术要领。

➢ 了解气焊工艺参数对小径低合金管焊缝外观质量的影响。

➢ 能进行管径 φ < 60 mm 低合金钢管的对接水平固定和垂直固定气焊。

 知识要求

低合金钢气焊所用设备与低碳钢相同，设备的使用及焊接参数的选择可参阅上一节有关内容。

一、低合金钢的种类

低合金结构钢是在碳钢的基础上加入一定量的合金元素，使其性能得到改善的一种钢材。它具有强度高、韧性好、耐磨、耐腐蚀、耐高温及耐低温等特性。在一些重要的金属结构中已得到广泛应用。由于其合金元素的不同，低合金结构钢的性能及用途也有一定的差别，大致可分为四类。

1. 强度钢

强度钢如 Q295（09MnV）、Q345（16Mn、16MnRE、12MnV）、Q390（15MnV）等。这类钢具有强度高，塑性、韧性良好，焊接性及机械加工性能较好的特点，是机械行业中应用最广泛的一种材料。强度钢广泛应用于机车、船舶、桥梁、压力容器等金属结构中。

2. 耐蚀钢

耐蚀钢如 10MnPNbRE、09MnPCuTi、12CrMo 等。耐蚀钢对硫化氢、海水、大气等介质具有较好的耐腐蚀性能，已广泛用于石油、化工、海上平台和海底电缆等设备中。

3. 低温钢

低温钢具有良好的耐低温性能，可用于制造空气分离式设备、石油分离式设备、各种低温容器及在寒冷地区使用的金属结构。

4. 耐热钢

耐热钢具有高温强度和高温抗氧化性能，可用于制造汽轮机、锅炉等设备。

二、普通低合金高强度结构钢的气焊

1. 普通低合金高强度结构钢的牌号及其焊接性

（1）普通低合金高强度结构钢的牌号

低合金结构钢是指合金元素含量小于5%的合金结构钢，凡屈服强度大于等于295 MPa 的低合金结构钢可称为低合金高强度结构钢。低合金高强度结构钢的碳含量一般不超过 0.25%，多数都小于 0.2% 并含有少量硅（Si）、锰（Mn）、铜（Cu）、钛（Ti）、钒（V）、钼（Mo）、铌（Nb）、磷（P）等合金元素。合金元素的加入使屈服强度提高，具有强度高、韧性好、耐腐蚀、耐磨、耐高温和耐低温等优良性能。

根据 GB/T 1591—2008《低合金高强度结构钢》的规定，低合金高强度结构钢牌号由代表屈服强度的汉语拼音字母 Q、屈服强度数值、质量等级符号（A、B、C、D、E）三个部分按顺序排列。例如，"Q345A" 钢，其中：Q 为钢材屈服强度的"屈"字汉语拼音的首位字母；345 为屈服强度数值（345 MPa）；A 为质量等级（A 级）。

（2）低合金高强度结构钢的焊接性

1）低合金高强度结构钢热影响区的淬硬倾向。普通低合金高强度结构钢的热影响区有较大的淬硬倾向，并且随着屈服强度等级的提高，热影响区的淬硬倾向也显著增加。但是对于强度等级较低而且碳含量较少的一些低合金结构钢，如 09Mn2、09Mn2Si 及 09MnV 等，其热影响区的淬硬倾向并不大。

2）低合金高强度结构钢的冷裂纹倾向。冷裂纹主要在强度等级高的厚板中容易产生。产生冷裂纹的三个因素是：焊缝及热影响区的含氢量；热影响区的淬硬程度；接头的刚性所决定的焊接残余应力。

一般随着低合金高强度结构钢强度等级的提高，其焊接热影响区的冷裂倾向显著增大（尤其是在厚板中）。冷裂纹一般是在焊后冷却过程中产生的，在刚度较大的焊接接头中，这种裂纹还具有延迟性，即焊后停放一段时间（几小时、几天、甚至十几天）才出现，所以这种焊接冷裂纹又称为延迟裂纹。因此，对刚性大的焊接结构，焊后必须及时进行消除应力的处理。

此外，在低合金高强度结构钢焊后热处理过程中还有可能出现再热裂纹，在焊接时应尽量采用强度较低的焊接材料，使得焊后热处理过程中产生的变形集中在焊缝金属处，以避免因热影响导致开裂。再者，对于大厚度轧制普通低合金钢钢板的焊接，在三通管接头及丁字接头的角焊缝处的热影响区有可能产生与钢板表面平行的裂纹，称为层状撕裂。

三、Q345（16Mn）钢的气焊

低合金高强度结构钢一般采用电弧焊。采用气焊的多是 300~350 MPa 强度等级的低合金钢薄板，这一类低合金结构钢的焊接性较好，也完全可以采用低碳钢的气焊方法，没有特殊的工艺要求。对 350 MPa 以上等级的低合金高强度结构钢，由于强度级别较高，并含有一定量的合金元素，因而淬硬倾向较低碳钢大，在结构刚性大、冬季室外施工气温低的情况下，有冷裂的倾向。所以，在焊前应少许预热，而且气焊时本身要预热缓冷，以减小淬硬倾向。在对低合金高强度结构钢焊接时要注意保护熔池，以免合金元素烧损。

Q345（16 Mn）钢是我国目前产量最大、应用最广的普通低合金高强度结构钢，广泛用于制造压力容器、锅炉、石油储罐、船舶、桥梁、车辆及各种工程机械。

从 Q345 钢的化学成分来看，含碳量较低且含有合金元素 Mn 量较高，Mn/S 能达到焊接要求、具有较好的抗热性能，正常情况下焊接时不会出现热裂纹。当材料的化学成分不合格或严重偏析时，局部 C、S 含量偏高时，Mn/S 可能低于焊接要求，焊接时会产生热裂缝，这种情况可通过选择焊接材料来调整焊缝金属的成分。

冷裂纹是焊接 Q345 钢板时易出现的主要问题，从材料本身考虑，淬硬组织是引起冷裂纹的决定性因素。因此，焊接过程中能否形成氢致裂纹及敏感的淬硬组织是评定 Q345 钢板焊接性的一个重要指标。Q345 钢的冷裂纹敏感性主要取决于它的淬硬倾向，虽然 Q345 钢含碳量并不高，但含有少量的合金元素，因此，其淬硬倾向比低碳钢要大一些。

从 Q345 钢的化学成分看，由于不含有强碳化合物形成元素，对再热裂纹不敏感，因此，Q345 钢板在焊接时就能消除应力，不会产生热裂纹。

Q345 钢的热影响区性能变化与合金元素含量等有很大关系，主要表现为热区的脆化问题。过热区是指熔合线附近加热到 120℃ 以上直至熔点以下的区域。Q345 钢过热区焊接应力和低温断裂韧度降低的根本原因是贝氏体、铁素体加 M－A 组元素数量的增加，以及 M－A 组元素宽度的增加，过热区的韧性除了与火焰能率有很大关系外，也与其化学成分有着密切关系。随着线能量的增加，铁素体的纤维硬度和材料的脆性显著提高，因此，采用小的火焰能率是避免 Q345 钢过热区的可靠措施。焊接时要注意适当预热和缓冷，同时还应避免合金元素的烧损。焊Q345 钢除按低碳钢的气焊工艺进行外，还应注意以下几点：

1. 施焊前要彻底清除待焊处及其两侧 25 mm 范围内的杂质和氧化皮。焊丝可采用 H08Mn 或 H08MnA，对于一些不重要的焊件可采用 H08A。

2. 在低温潮湿的环境施焊时，焊前应用气焊火焰加热待焊处。定位焊时，焊点断面尺寸应大些，焊点应加长些，以免产生裂纹。

3. 焊接时采用中性焰或轻微碳化焰，严禁用氧化焰。火焰焰芯离开熔池表面5～8 mm，使火焰始终罩住熔池，不做横向摆动，以防空气侵入烧损合金元素。

4. 火焰能率要比焊同样厚度、大小的碳钢件小 1/3 左右。

5. 焊缝收尾时，火焰要缓慢地离开熔池，以免熔池凝固太快而产生气孔和裂纹。

6. 焊接结束时，应立即用火焰将接头加热至暗红色（600～650℃），然后缓慢冷却，以减少焊接应力和促进有害气体氢的扩散，从而提高接头的性能。

7. 要严格控制乙炔中 H_3P、H_2S 的含量，以免焊缝中磷、硫含量的增加而产生冷、热裂纹。

8. 气焊时应尽可能使用溶解乙炔瓶供气，若由乙炔发生器供气，应经过净化处理。

 技能要求1

管径 $\phi < 60$ mm 的 Q345（16 Mn）钢管水平固定气焊

管径 $\phi < 60$ mm 的 Q345（16 Mn）钢管水平固定气焊工艺与管径 $\phi < 60$ mm 低碳钢管气焊工艺基本相同，焊接时可参照上一节的有关内容。

 技能要求2

管径 $\phi < 60$ mm 的 Q345（16 Mn）钢管垂直固定气焊

1. 试件装配

（1）锉钝边。

可根据焊缝位置将钝边锉成 0～0.5 mm。

（2）清除坡口及其两侧内外表面 20 mm 范围内的油、锈及其他污物，至露出金属光泽。

（3）装配。

1）装配间隙。1.5～2 mm。

2）定位焊。采用两点定位，焊点长度为 10～15 mm，要求焊透并不得有焊接缺陷，定位焊的焊缝高度不超过管壁厚度的 2/3。

3）试件错边量应小于等于 0.5 mm。

2. 焊接

垂直固定管的焊缝为横焊缝，焊接时与直焊缝有很多相似之处，但操作者需控制焊嘴、焊丝绕管子一周才能完成焊接，并且焊嘴、焊丝与管件之间的夹角要保持不变，操作难度比直焊缝要大一些。

（1）起焊

为了保证焊透，防止焊接缺陷的产生，应尽量采用右焊法施焊，垂直固定管的起焊位置一定要便于焊缝接头的连接。气焊火焰应调节成中性焰，火焰能率与焊接同等厚度低碳钢焊件相同或稍小一些。用火焰加热起焊处，使钝边熔化并形成熔孔，熔孔形成后即可向熔池内填加焊丝。焊嘴与钢管轴线的夹角一般为80°左右，与钢管切线方向的夹角为45°~50°。

（2）盖面焊

为了防止焊缝上侧咬边、下侧铁液下淌，焊接过程中，焊嘴一般不做横向摆动，而是在熔池和熔孔之间稍做前后摆动，以控制熔池温度。当熔池金属将要下淌时，应使火焰焰芯的前端指向熔孔，使熔池得到冷却。这时由于火焰仍然笼罩着熔池和近缝区，从而有效地防止熔池金属的氧化。另外，焊接时熔池温度不宜太高，以保持较稠的熔池铁液，焊丝送拉时要保持对熔池铁液的沾带作用。焊丝不要用力向下运动，以免增加铁液的下淌速度和下淌量，保证有较好的外表成型。

垂直固定管打底焊往往也具有宽而厚的成型，为了有效防止合金元素的氧化，焊炬不做横向摆动，表面一道焊时焊缝金属不易控制，最好采用两道焊进行，采用表面两道焊很容易得到理想的焊缝表面成型，又能防止合金元素被氧化。焊接时，第一道焊缝不宜过厚，一般为1~1.5 mm，第二道焊缝的焊丝填加位置应偏向熔池上方。

3. 焊件外观检验

参照上一节有关内容。

第3节　铝管搭接接头的手工火焰钎焊

学习目标

➤ 了解铝及铝合金手工火焰钎焊的特点。

➤ 掌握铝及铝合金火焰钎焊焊件清洗的目的和方法。

➤ 掌握铝及铝合金清洗质量对火焰钎焊工艺的影响。

➢ 熟悉铝钎料及钎剂。

➢ 了解铝及铝合金接头设计及间隙。

➢ 掌握铝及铝合金钎焊操作方法。

➢ 了解铝及铝合金火焰钎焊钎缝外观质量的检验方法。

 **知识要求**

一、铝及铝合金手工火焰钎焊的特点

铝及铝合金的钎焊与其他金属钎焊相比，有其特殊性。首先是铝和氧的亲和力很大，铝及铝合金表面生成一层致密且化学稳定性高的氧化膜，如果不设法破坏这层氧化膜，就无法进行钎焊。其次是铝及铝合金的熔点比较低（一般660℃左右），合适的铝钎料的熔点又较高，因而用硬钎料钎焊时，钎料与母材的熔点相差不大，所以必须严格控制钎焊温度。手工火焰钎焊铝及铝合金时的另一个困难是由于氧化膜的熔点（约2 050℃）比基本金属高很多，且两者颜色又接近，难以通过观察母材的加热颜色来判别加热温度。随着新钎剂和钎焊方法的出现，铝及铝合金的钎焊已被广泛应用。

二、铝及铝合金火焰钎焊焊件清洗的目的和方法

1. 清洗的目的

铝及铝合金的钎焊与其他金属钎焊相比，首先是铝及铝合金表面生成一层致密且化学稳定性高的氧化膜，如果不想法破坏这层氧化膜，就无法进行钎焊。其次应把铝及铝合金表面的油污、细沙粒等清洗干净，否则将影响钎焊过程的进行并削弱钎缝的强度。

2. 清洗的方法

钎焊前，铝及铝合金需用化学清洗的办法去除表面的油污和氧化膜。化学清洗的方法很多，其原理大致相同。现将应用较普遍的一种清洗过程介绍如下：

（1）化学去油

3%～5%碳酸钠加2%～4%601洗涤剂（烷基磺酸钠）的水溶液在60～70℃下浸洗10 min左右；或用50 g/L硅酸钠加50 g/L磷酸钠水溶液在60～70℃下浸洗1 min。然后水洗。

（2）化学腐蚀

在5%～10%氢氧化钠水溶液中，室温下浸洗1 min左右；或60～70℃浸洗

0.5 min 左右。浓度大时，时间还要缩短，然后水洗。

（3）光化处理

20%～40% 硝酸水溶液中，室温下浸洗 0.5～1 min。

（4）水洗后干燥及装配

小的零件水洗后可在 100～125℃ 的炉中烘干，装配，待钎焊。

清洗好的零件（表面应全部清洗干净，不应带有棕色），其表面滴上水时，必须完全润湿。如果水成滴而铺展不开，则说明清洗的不好，应重新去油和腐蚀。对数量不多的小零件或棒状钎料，也可以用机械方法（如锉刀、刮刀、钢刷、砂布等）进行清理，代替酸洗。但是还必须用酒精、丙酮等有机溶剂将清理过的零件再擦洗干净。

三、铝及铝合金清洗质量对火焰钎焊工艺的影响

钎焊前如果焊件清理不干净，在钎缝处存在油污、氧化膜等，就会产生钎料填不满钎缝或结合不良等缺陷，从而使钎缝接头强度下降。

四、铝钎料及钎剂

铝钎焊分为软钎焊和硬钎焊，钎料熔点低于 450℃ 时称为软钎焊，高于 450℃ 时称为硬钎焊。

1. 铝用软钎料和钎剂

（1）铝用软钎料

铝用软钎料按其熔化温度范围，可以分为低温、中温和高温软钎料三类。常用的铝用软钎料及其特性见表 5—2。

表 5—2 铝用软钎料及其特性

类别	牌号	合金系	化学成分/（%）						熔化温度/℃	润湿性	相对耐蚀性	相对强度
			Pb	Sn	Cd	Zn	Al	Cu				
低温	HL607	锡或铅基加锌、镉	51	31	9	9	/	/	150～210	较好	低	低
	/		/	91		9			200	较好		
中温	HL501	锌镉或锌锡基		40		58		2	150～210	良好	中	中
	HL502			60		40			265～335	优秀		
高温	HL506	锌基加铝或铜				95	5		382	良好	良好	高
	/					89	7	4	377	良好		

铝用低温软钎料主要是在锡或锡铅合金中加入锌或镉，以提高钎料与铝的作用能力，熔化温度低（熔点低于260℃），操作方便，但润湿性较差，特别是耐蚀性低。铝用中温软钎料主要是锌锡合金及锌镉合金，由于含有较多的锌，比低温软钎料有较好的润湿性和耐蚀性，熔化温度为260～370℃。铝用高温软钎料主要是锌基合金，含有3%～10%的铝和少量其他元素，如铜等，以改善合金的熔点和润湿性。熔化温度为370～450℃，钎焊铝接头的强度和耐蚀性明显超过低温和中温软钎料。几种铝用锌基软钎料的特性和用途见表5—3。

表5—3 几种铝用锌基软钎料的特性和用途

钎料型号（牌号）	化学成分/（%）	熔化温度/℃	特性和用途
S－Zn95Al5	Zn95，Al5	382	用于钎焊铝及铝合金或铝铜接头，钎焊接头具有较好的抗腐蚀性
S－Zn89Al7Cu4	Zn89，Al7，Cu4	377	
S－Zn73Al27（HL505）	Zn72.15，Al27.5	430～500	用于钎焊液相线温度低的铝合金，如LY12等，接头抗腐蚀性是锌基钎料中最好的
S－Zn58Sn40Cu2	Zn58，Sn40，Cu2	200～359	用于铝的刮擦钎焊，钎焊接头具有中等抗腐蚀性

（2）铝用软钎焊钎剂

铝用软钎焊钎剂按其除氧化膜方式通常分为有机钎剂和反应钎剂两类，有机钎剂的主要成分是三乙酰胺，为了提高活性可以加入氟硼酸或氟硼酸盐。反应钎剂含有大量锌和锡等重金属的氯化物。常用的铝用软钎剂及其特性见表5—4。

表5—4 常用的铝用软钎剂及其特性

类别	牌号	组分/（%）	钎焊温度/℃	腐蚀性
有机钎剂	QJ204	Cd$(BF_4)_2$10，Zn$(BF_4)_2$2.5，$NH_4BF_4$5，三乙酰胺82.5	200～275	弱
	/	Cd$(BF_4)_2$7，$HBF_4$10，三乙酰胺83	200～275	
反应钎剂	QJ203	$ZnCl_2$55，$SnCl_2$28，NH_4Br15，NaF2	300～350	强
	/	$SnCl_2$88，NH_4Cl10，NaF2	315～350	
	/	$ZnCl_2$88，NH_4Cl10，NaF2	330～400	

2. 铝用硬钎料和钎剂

（1）铝用硬钎料

为了得到较高强度的钎焊接头，应采用硬钎料进行钎焊。通常重要的铝及铝合金钎焊产品均采用硬钎焊。铝用硬钎料以铝硅合金为基，有时加入铜等元素降低熔点以满足工艺性能要求。常用铝及铝合金硬钎料的牌号和钎焊温度见表5—5。

表5—5 常用铝及铝合金硬钎料的牌号和钎焊温度

钎料牌号	钎焊温度/℃	钎焊方法	可钎焊的材料
HLAlSi7.5	599~621	浸渍、炉中	1 060~1 200
HLAlSi10	588~604	浸渍、炉中	1 060~1 200
HLAlSi12	582~604	浸渍、炉中、火焰	1 060~1 200, 3A12, 5A01, 5A02, 6A02
HLAlSiCu10－4	585~604	火焰、炉中、浸渍	1 060~1 200, 3A12, 5A01, 5A02, 6A02
HL403	562~582	火焰、炉中	1 060~1 200, 3A12, 5A01, 5A02, 6A02
HL401	555~576	火焰	1 060~1 200, 3A12, 5A01, 5A02, 6A02, 2B50, ZL102, ZL202
B62	500~550	火焰	1 060~1 200, 3A12, 5A01, 5A02, 6A02, 2B50, ZL102, ZL202
HLAlSiMg7.5－1.5	599~621	真空炉中	1 060~1 200, 3A12
HLAlSiMg10－1.5	588~604	真空炉中	1 060~1 200, 3A12, 6A02
HLAlSiMg12－1.5	582~604	真空炉中	L2~L6, LF21, LD2

（2）铝用硬钎焊钎剂

除了炉中真空钎焊及惰性气体保护钎焊外，所有铝及铝合金硬钎焊均要使用化学钎剂。铝用硬钎剂的组成是碱金属及碱土金属的氟化物，它使钎剂具有合适的熔化温度，加入氟化物的目的是提高去除铝表面氧化物的能力。常用铝及铝合金硬钎剂的成分、特点及用途见表5—6。

表5—6 常用铝及铝合金硬钎剂的成分、特点及用途

牌号	名称	化学成分/（%）	熔点/℃	钎焊温度/℃	特点及用途
QJ201	铝钎焊钎剂	LiCl31~35 KCl47~51 ZnCl$_2$6~10 NaF9~11	420	450~620	极易吸潮，能有效地去除氧化膜，促进钎料在铝合金上漫流。活性极强，适用于在450~620℃温度范围火焰钎焊铝及铝合金，也可用于某些炉中钎焊，是一种应用较广的铝钎剂，工件需预热至550℃左右

牌号	名称	化学成分/（%）	熔点/℃	钎焊温度/℃	特点及用途
QJ202	铝钎剂	LiCl40~44 KCl26~30 ZnCl$_2$19~24 NaF5~7	350	420~620	极易吸潮，活性强，能有效去除 Al$_2$O$_3$ 膜，可用于火焰钎焊铝及铝合金，工件需预热至450℃左右
QJ206	高温铝钎剂	LiCl24~26 KCl31~33 ZnCl$_2$7~9 SrCl$_2$25 LiF10	540	550~620	高温铝钎焊钎剂，极易受潮，活性强，适用于火焰或炉中钎焊铝及铝合金，工件需预热至550℃左右
QJ207	高温铝钎剂	KCl43.5~47.5 CaF$_2$1.5~2.5 NaCl18~22 LiCl25~29.5 ZnCl$_2$1.5~2.5	550	560~620	与 Al-Si 共晶型钎料相配，可用于火焰或炉中钎焊纯铝、LF21 及 LD2 等，能取得较好效果。极易吸潮，耐腐蚀性比 QJ201 好，黏度小，湿润性强，能有效地破坏 Al$_2$O$_3$ 氧化膜，焊缝光滑
Y-1型	高温铝钎剂	LiCl18~20 KCl45~50 NaCl10~12 ZnCl$_2$7~9 NaF8~10 AlF$_3$3~5 PbCl$_3$1~1.5	/	580~590	氟化物—氯化物型高温铝钎剂。去膜能力极强，保持活性时间长，适用于氧—乙炔火焰钎焊。可钎焊工业纯铝、LF21、LF1、LD2、ZL12 等，也可钎焊 LY11、LF2 等较难焊的铝合金，若用煤气火焰钎焊，效果更好
No.17（YT17）	/	LiCl41，KCl51 KF·AlF$_3$8	/	500~560	
/	/	LiCl34，KCl44 NaCl12 KF·AlF$_3$10		550~620	适用于浸渍钎焊

续表

牌号	名称	化学成分/（%）	熔点/℃	钎焊温度/℃	特点及用途
QF	氟化物共晶钎剂	KF42，AlF₃58（共晶）	562	>570	具有"无腐蚀"的特点，纯共晶（KF－AlF₃）钎剂可用于普通炉中钎焊，火焰钎焊纯铝或 LF21 防锈铝
/	氟化物钎剂	KF39，AlF₃56 ZnF₂0.3 KCl14.7	540	/	是我国近年来新研制的钎焊铝用钎剂，活性期为 30 s，耐腐蚀性好。可为粉末，也可调成糊状，配合钎料 400 适用于手工、炉中钎焊
129A	/	LiCl－NaCl－KCl－ ZnCl₂－CdCl₂－LiF	550	/	可用于 LY12、LF2 铝合金火焰钎焊
171B	/	LiCl－NaCl－KCl－ TiCl－LiCl	490	/	

五、铝及铝合金接头设计及间隙

钎焊接头设计应考虑接头的强度、焊件的尺寸精度以及进行钎焊的具体工艺等。铝及铝合金钎焊接头有搭接结构、卷曲结构、T 形结构等。

由于钎料及钎缝的强度一般比母材低，所以基本上不能采用对接，如果结构必须采用对接，也要设法将接头改成局部搭接。

设计钎焊接头时，零件的拐角应设计成圆角状，以减少应力集中，避免采用钎缝圆角来缓和应力集中。增大钎缝面积，尽量使受力方向垂直于钎缝，可提高钎焊接头的承载能力。设计钎焊接头时还应考虑接头的装配定位、钎料放置、限制钎料流动、工艺孔位置等钎焊工艺方面的要求。对于封闭性接头，开设封闭孔可以使受热膨胀的气体逸出。尤其是密封容器，内部的空气受热膨胀，阻碍钎料的填隙或者使已填满间隙的钎料重新排出，造成不致密的缺陷。

间隙大小与钎料和母材的性质、钎焊温度和时间、钎料放置等有关，接头间隙过大或过小都将影响钎缝的致密性及接头强度。铝及铝合金采用铝基钎料或锡锌钎料时，接头间隙一般以 0.1～0.3 mm 为宜。

六、铝及铝合金钎焊操作要领

1. 铝及铝合金软钎焊操作

通常多采用汽油、酒精喷灯火焰加热。当采用有机钎剂时，加热温度若过高（大于275℃），由于钎剂组分三乙醇胺的极速碳化致使钎剂丧失活性。同时，如果火焰直接加热有机钎剂也会使钎剂碳化，妨碍钎料的铺展，由于用有机钎剂钎焊时反应缓慢，故适用边加热边加钎料的操作方法；有时钎剂产生过多的泡沫，可用钎料棒拨开，这样做有利于钎料流入接头的间隙。

采用反应钎剂时，由于钎剂具有一定的反应温度范围（通常为300～350℃），如果母材加热温度低于反应温度，尽管钎剂已熔化，但还未与母材发生反应，故不能使钎料铺展。如果母材加热温度超过反应温度范围，反应极其迅速，使得钎料来不及流入间隙。反应钎剂在钎焊时产生大量的三氯化铝气体及沉淀出大量的重金属，只留下很少的钎剂在钎缝上形成覆盖保护，所以当母材达到反应温度时再用手工加入钎料，有时是来不及的，因此，钎料可与钎剂一起预先放置在接头上，并且操作时要准确控制温度。

2. 铝及铝合金刮擦钎焊操作

刮擦钎焊是焊接铝合金的一种特殊的软钎焊方法。它不需用钎剂，母材表面的氧化膜是靠钎料的刮擦作用而除去的。

钎焊时可先将工件加热到400℃左右（热源可用喷灯、氧—乙炔火焰等），随后用钎料（如HL501等）的端部在接头处反复进行刮擦，以破坏表面氧化膜。同时，由于已被加热的母材的热作用使钎料熔化铺展。不能用火焰直接加热钎料，否则会使钎料过早软化而失去刮擦作用。也可采用刮擦工具（如钢丝刷、烙铁头等）帮助进行刮擦。对于搭接接头则要把钎焊的两个零件分别加热，并用刮擦法分别涂上钎料，然后将两个零件搭在一起，再用火焰加热，使钎料熔化，并相互摩擦达到均匀接触，待冷却后即形成牢固接头。

3. 铝及铝合金硬钎料钎焊操作

可以使用所有类型的空气—可燃气体或氧气—可燃气体的焊炬。操作方法通常有两种：一种是用火焰加热钎料的末端，用已被加热的钎料末端蘸上干粉状的钎剂，接着加热母材，并将钎料棒置于接头附近试验温度，若母材已达到钎焊温度则钎剂与母材接触后立即熔化并铺展在钎焊面上，去除氧化膜，这时熔化的钎料便很好地润湿母材，流入间隙形成牢固的钎焊接头。如果熔化的钎料发黏而不湿润母材，则说明母材加热温度还不够。另一种方法是将钎剂用水或酒精混合，在工件和钎料上用刷子刷上、浸沾上或喷涂上钎剂。然后用火焰加热工件，将钎剂的水分蒸发并待钎剂熔化后，将钎料迅速加入加热的接头间隙中，形成钎焊接头。

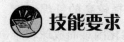 **技能要求**

铝管搭接接头的手工火焰钎焊

一、操作准备

1. 焊件

壁厚 1 ~ 2 mm、管径 12 ~ 18 mm、长度 200 mm 的 3A21 铝锰合金管两段，两管直径要有一定的差别，并加工出搭接接头，以便于焊接，如图 5—7 所示。

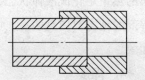

图 5—7　铝管搭接接头

2. 钎料

HI401，直径 1. 5 mm。

3. 钎剂

QJ201，呈碱性反应，吸潮性极强，应防止与空气接触过多。钎剂使用时不可用水调，可把钎料端头在火焰中预热一下，用加热的钎料在瓶内蘸取。

4. 热源

氧—乙炔火焰，焊炬 H01 - 6，焊嘴 1 号。

二、操作步骤

1. 焊件清理

（1）清理铝管端面毛刺。

（2）按要求用化学方法清洗铝管端面待焊处并烘干。

（3）铝管搭接部分 40 mm 范围内用细砂纸磨光表面至露出金属光泽，打磨的方向最好沿铝管纵向进行，这样有利于钎料在基本金属表面的铺展。经砂纸打磨后的铝管表面需再用干净的汽油或酒精擦洗。

2. 焊件的装配

两铝管搭接 12 mm，装配间隙为 0. 1 ~ 0. 3 mm。

3. 钎焊温度的控制与识别

（1）钎焊温度的控制

钎焊温度的控制是铝及铝合金钎焊工艺的关键因素，钎焊温度的提高有利于降低钎料的表面张力，润湿性也有提高，对钎焊过程有利。由于铝合金熔点约为660℃，而钎料熔点约为525℃，接近基本金属的熔点，如果选择较高的钎焊温度会造成基本金属性能变坏与铝管的烧蚀，温度过低会导致钎料熔化困难而成球状难以渗入铝管间隙。钎焊温度应以选择比钎料熔点温度略高为宜，即钎焊温度在555～576℃较为理想。

（2）钎焊温度的识别

焊接过程中正确识别钎焊温度是焊接成败的关键，钎焊铝及铝合金时最困难的就是温度不易观察。QJ201熔点约为420℃，在钎焊预热过程中，熔剂借助基本金属的热量熔化成液体状态，通过有色保护眼镜可以看到被焊剂润湿的铝管比没有涂焊剂的地方要白且明亮，此时应贴紧钎缝加入钎料，钎料会自动熔化渗入整个搭接面。

4. 焊接

（1）预热

铝及铝合金导热性好，热量散失快，钎焊前必须预热，预热火焰应选用中性焰，焰芯距工件表面15～20 mm，以增加加热面积。工件垂直固定在夹具上，预热时火焰以钎缝为中心边旋转边做上下运动，使铝管受热均匀。为了保证钎料渗透搭接长度，开始时预热范围可大些，超过钎缝长度，随着铝管温度的升高，预热火焰上下运动的范围可缩小，防止接头预热范围过大而造成钎料过多渗入使铝管内部形成焊瘤。预热过程中需用钎料蘸钎剂在待焊处少量试涂，防止因钎剂与火焰、工件发生反应而失效，造成钎焊困难。当试涂的钎剂熔化变成液体状态且铝管变得白亮时，说明预热温度已达到要求，可以加钎料了。

（2）钎料的加入

钎料端头蘸好钎剂后紧贴钎缝和铝管圆根均匀向后拖，沿接头旋转，火焰指向接头搭接面的下方2～5 mm处。不允许直接加热钎料、钎剂，以免造成钎料、钎剂温度过高而与基本金属强烈地氧化，使基本金属被钎料侵蚀。由于铝及铝合金钎焊熔剂、钎料、基本金属的熔点很接近，钎焊时间一定要短，一旦钎剂熔化，钎料将迅速熔化，对于小型管可一次渗透钎缝，不可补充加热和横向摆动。钎焊过程中如发现金属表面有黑色物质时，说明此处不干净或钎剂失效，需重新填钎剂并不断用钎料端头刮擦，去除黑色物质，钎料渗入间隙后火焰必须由近渐远缓慢地离开钎缝处。

5．焊后清洗

钎焊后工件表面会残留一层熔渣与氧化物，极易腐蚀工件，要及时清除。一般采用化学方法清洗，由于钎剂中大部分成分可溶于水，水温越高钎剂溶解越快，清除时间也越短。在铝钎焊操作中，有时也采用将尚未完全冷却的工件放入水中，利用热冲击来崩脱钎剂。钎焊工件经热水洗涤后，还需用酸洗液清洗，最后做表面钝化处理。典型的铝及铝合金清洗液配方及清洗工艺见表5—7。

表 5—7　　　　　　　　典型的铝及铝合金清洗液配方及清洗工艺

溶液	浓度		温度/℃	浸洗时间/min	备注
	容量/L	组成			
10%硝酸溶液	19	58%～62% HNO_3		5～15	
	129	水			
硝酸—氢氟酸溶液	15	58%～62% HNO_3	室温		—
	0.6	48% HF			
1.5%氢氟酸溶液	137	水		5～10	—
	5.7	48% HF			
5%磷酸＋1% CrO_3 溶液	152	水	82		适用于薄板
	5.7	35% H_3PO_4			
	3.3	CrO_3			

三、铝及铝合金火焰钎焊钎缝外观质量的检验方法

1．钎焊缺陷的判断

（1）钎缝未填满

钎缝未填满是指钎焊接头的间隙部分没有被钎料填满。

（2）钎缝成型不良

钎缝成型不良是指钎料只在一面填满间隙，没有形成圆角，钎缝表面粗糙不平。

（3）气孔

气孔是指存在于钎缝表面或内部的孔穴。

（4）夹杂物

夹杂物是指残留在钎缝中的污物。

（5）表面侵蚀

表面侵蚀是指钎焊金属表面被钎料侵蚀。

（6）裂纹

裂纹是指存在于钎缝金属中的缝隙。

2. 无损检验

钎焊后对接头外观质量进行检查之前，必须将钎缝处的残留焊剂去除干净，这不仅可以避免焊件被腐蚀，而且便于对缺陷进行判断。检查时，一般用目视或5～10倍放大镜观察钎缝处外形是否光滑，是否存在钎缝未填满、气孔、夹杂物及裂纹等缺陷。

第6章

切 割

第1节 不锈钢板的空气等离子弧切割

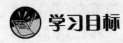 **学习目标**

➤ 了解等离子弧的基本类型。

➤ 了解等离子弧切割的基本原理及特点。

➤ 了解等离子弧切割的电源及工作气体。

➤ 了解等离子弧切割工艺。

➤ 掌握等离子弧切割的操作要领。

➤ 了解等离子弧切割的设备。

➤ 能进行不锈钢板的空气等离子弧切割。

➤ 熟悉等离子弧切割的注意事项。

 **知识要求**

一、等离子弧的基本类型

等离子弧是具有高能量密度的压缩电弧，它是一种新型的热源，既可以用于焊接，又可以用于切割、堆焊及喷涂，在工业部门得到了广泛的应用。等离子弧具有能量集中（能量密度可达 $10^5 \sim 10^6 \, \text{W/cm}^2$）、温度高（弧柱中心温度可达 18 000 ~ 24 000 K）、焰流速度快（可达 300 m/s 以上）、电弧挺直度好、稳定性强等特点。

1. 按压缩作用方式分类

等离子弧的压缩是依靠水冷铜喷嘴的拘束作用实现的，其压缩作用有以下三种。

（1）机械压缩

利用水冷喷嘴的孔道限制弧柱直径，以提高弧柱的能量密度及温度。

（2）热压缩

喷嘴中的冷却水温度较低，在喷嘴内壁附近形成一层冷气膜，迫使弧柱的导电面积进一步缩小，弧柱的能量密度及温度进一步提高。

（3）电磁压缩

由于机械压缩和热压缩作用使电弧电流密度增大，弧柱电流自身的磁场收缩力加大，使电弧又受到磁场的进一步压缩，电流密度越大，磁收缩作用越强。

2. 根据电源的供电方式分类

根据电源的供电方式，等离子弧可以分为非转移型等离子弧、转移型等离子弧及联合型等离子弧三种。

（1）非转移型等离子弧

电源负极端接钨极，正极端接在喷嘴上，等离子弧在钨极与喷嘴之间燃烧。水冷喷嘴既是电弧的电极，又起冷却拘束作用，而工件不接电源。在离子气流的作用下，弧焰从喷嘴中喷出，形成等离子弧。这种电弧多用于焊接、切割较薄的金属及非金属，如图6—1a所示。

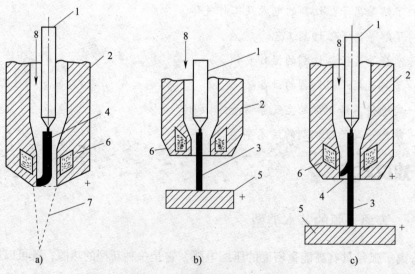

图6—1 等离子弧的基本类型

a）非转移型等离子弧 b）转移型等离子弧 c）联合型等离子弧

1—钨极 2—喷嘴 3—转移弧 4—非转移弧 5—工件 6—冷却水 7—弧焰 8—离子气

（2）转移型等离子弧

电源负极端接钨极，正极端接工件，等离子弧直接燃烧在钨极与工件之间，如图6—1b所示，水冷喷嘴不接电源，只起冷却拘束作用。转移弧难以直接形成，必须先引燃非转移弧，然后才能过渡到转移弧。转移弧能把较多的热量传递给工件，多用于焊接切割较厚的金属。

（3）联合型等离子弧

转移弧及非转移弧同时并存的电弧称为联合型等离子弧，联合型等离子弧在很小的电流下就能保持稳定，这种形式的等离子弧主要用于微束等离子弧焊接和粉末堆焊等，如图6—1c所示。

二、等离子弧切割的基本原理及特点

1. 等离子弧切割的基本原理

氧—乙炔切割主要依靠金属（主要是铁）在氧气中的剧烈燃烧来实现的，氧—乙炔切割的局限性很大，一般只能用来切割一些含铁质的金属材料，而不能切割熔点高、导热性好、氧化物熔点高和黏滞性大的金属。等离子弧切割是利用高能量密度和高速的等离子弧为热源，将被切割金属局部熔化并蒸发，由高速气流将已熔化的金属吹离母材而形成狭窄切口，由于等离子弧柱的温度远高于金属及其氧化物的熔点，故可切割任何金属。等离子弧切割速度快，没有氧—乙炔切割时对工件产生的燃烧，因此，工件获得的热量相对较少，工件变形也小。适合于切割不锈钢、铸铁、钛、钼、钨、铜及铜合金、铝及铝合金等难于切割的材料。采用非转移型等离子弧，还可以切割花岗岩、碳化硅等非金属。

2. 等离子弧切割的特点

等离子弧切割是利用非常热的高速射流来进行的。将电弧和惰性气体强行穿过喷嘴小孔而产生高速射流。电弧能量集中使工件熔化，高温膨胀的气体射流迫使熔化金属穿透切口。有时在气流中加入氧气或使用空气等离子弧切割还可以提供额外的切割能量。等离子弧切割具有以下的特点。

（1）弧柱能量集中、温度高、冲击力大。

（2）可切割所有的金属（导电）材料及部分非金属材料。

（3）切割碳钢、铜及铜合金、铝及铝合金、不锈钢等金属时，生产效率高、经济效益好，切口窄而光滑。

（4）切割薄板不变形。

（5）切割速度快。

3. 等离子弧切割方法

等离子弧切割一般分为双气流等离子弧切割、水压缩等离子弧切割和空气等离子弧切割三种。

（1）双气流等离子弧切割

这种工艺方法采用内外两层喷嘴，内喷嘴通常通入氮气。外喷嘴根据切割工件材料选用，可以通入 CO_2、压缩空气、氩气或氢气，如图6—2所示。

这样压缩空气不与电极直接接触，可以使用纯钨电极或氧化钨电极，简化了电极结构，提高了电极的使用寿命。切割碳钢时外喷嘴如通入压缩空气，既可以加强切割区的氧化放热反应，提高切割速度，又可以吹除切口内的熔化金属。

（2）水压缩等离子弧切割

水压缩等离子弧是利用水代替冷气流来压缩等离子弧的，如图6—3所示。

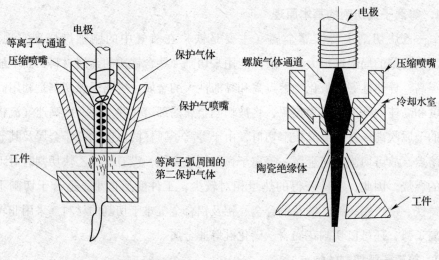

图6—2 双气流等离子弧　　　　图6—3 水压缩等离子弧

这种喷嘴设计有压缩水通路，压缩水成环状对称地射向从喷嘴喷出的等离子流。一方面强烈压缩等离子弧，使其能量更加集中；另一方面一部分水受到等离子弧高温的作用而分解成氢和氧，构成切割气体的一部分。氧可以促进切割金属的化学放热反应，提高切割速度。高速水流冲刷切口，对工件有强烈的冷却作用。这种方法应用于水中切割可以降低切割噪声，防止切割时产生的金属蒸气和粉尘等有害物质，使劳动条件得到改善。

（3）空气等离子弧切割

利用压缩空气作为等离子弧切割的研究成功，为等离子弧切割技术的应用开创了广阔的道路。空气等离子弧切割的基本原理如图6—4所示。这种方法将空气压缩后直接通入喷嘴，经电弧加热分解出氧，氧与切割金属产生强烈的化学放热反应，加快了切割速度。未分解的空气经喷嘴高速喷出冲刷切口，将熔化金属和金属氧化物吹离切口。经充分电离的空气等离子弧热熔值高，电弧的能量大，切割速度快、质量好，特别适于切割30 mm 以下的碳钢，也可用于切割不锈钢、铜及铜合金、铝及铝合金等其他材料。目前，空气等离子弧切割在很多领域得到应用。

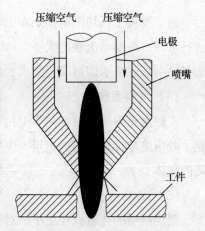

图6—4 空气等离子弧

利用空气压缩机提供的压缩空气作为工作气体和排除熔化金属的气流，其切割成本低、气体来源方便、切割速度快。空气等离子弧切割时如用钨棒作阴极，电极将受到强烈的氧化腐蚀，空气对高温状态的钨会产生氧化反应，空气等离子弧切割不能采用纯钨或氧化钨电极。如果把钨换成锆或铪，则在空气中工作时电极表面形成一层氧化物和氮化物，两者均易发射电子，可作为阴极，有利于电弧的稳定。

为了提高电极的工作寿命，一般采用直接水冷的镶嵌式纯锆或纯铪电极，使用小电流切割时也可不用水冷。电极寿命随电流的减小而延长，随引弧次数的增多而缩短。这可以解释为在切割主电弧引发的瞬间，产生的瞬时冲击电流导致作为阴极的锆或铪丝端部被大量阳离子撞击，温度急剧上升，表面氧化层被破坏而烧蚀。由于电极与空气的接触，空气等离子弧切割时，锆、铪电极的工作寿命一般只有 5 ~ 10 h。

三、等离子弧切割设备及工作气体

1. 等离子弧切割设备

等离子弧切割设备包括电源、控制箱、水路系统、气路系统及割炬等。

（1）电源

等离子弧切割采用的是转移弧，电源应选用陡降的外特性曲线。切割电源的空载电压更高。一般要求空载电压在150 ~ 400 V，工作电压在80 V以上。为了保证等离子弧稳定燃烧，减少电极的损耗，一般采用直流电源正接。

（2）控制箱

控制箱主要包括程序控制接触器、高频振荡器和电磁气阀等。

（3）水路系统

由于等离子弧切割的割炬在10 000℃以上的高温下工作，为保持正常切割必须进行水冷，冷却水流量应大于2～3 L/min，水压为0.15～0.2 MPa。水管设置不宜太长，一般自来水即可满足要求，也可采用循环水。

（4）气路系统

在控制箱内的三通管接头上用于集中分配气体，通过针形调节阀来调节气体流量，并由流量计来测出输出量。由电磁气阀控制等离子弧转移可为切割及时供给必需的气体。

（5）割炬

割炬喷嘴的孔道直径更小，对等离子弧的压缩作用更大，进一步提高了焰流的速度。割炬的进气方式最好径向通入，有利于提高割炬喷嘴的使用寿命。由于喷嘴孔道直径的减小，电极与喷嘴的同心度要求更高。空气等离子弧切割机的割炬有接触式和非接触式两种，接触式割炬由于喷嘴与工件接触，一般只用于切割薄件，当电流大于60 A时，一般采用非接触式割炬，喷嘴距工件3～5 mm。

（6）电极

空气等离子弧切割时，空气对电极氧化作用大、烧蚀快，不能选用纯钨或氧化钨电极，只能选用锆或铪及其合金作电极。双气流等离子弧切割和水压缩等离子弧切割由于电极不与空气直接接触，可以选用纯钨或氧化钨电极。

2. 等离子弧切割工作气体

常用电极材料与适用气体见表6—1。

表6—1　　　　　　　　　　常用电极材料与适用气体

电极材料	适用气体	电极材料	适用气体
纯钨	氩、氢氩	锆及其合金	氮、压缩空气
钍钨	氩、氢氩、氢氮、氮氩	铪及其合金	氮、压缩空气
铈钨	氩、氮、氢氮、氢氩、氮氩	石墨	空气、氮、氩或压缩空气
锆钨	氩、氮、氢氮、氢氩、氮氩		

四、等离子弧切割工艺

等离子弧切割适合于所有金属材料和部分非金属材料，用来切割不锈钢、铝及铝合金、铜及铜合金等有色金属非常方便，最大切割厚度为180～200 mm。也可用来切割35 mm以下的低碳钢和低合金结构钢；25 mm以下的低碳钢板等离子弧切割比氧—乙炔切割快5倍左右，热影响区小，钢板不变形，经济效益高；厚度大于25 mm的碳钢板切割时，氧—乙炔切割速度快一些，也更经济实用。

1. 等离子弧切割的工艺参数

（1）切割电流

切割电流及电压决定了等离子弧功率及能量的大小。在增加切割电流的同时，切割速度和切割厚度也相应增加。若切割电流过大会使切口变宽，喷嘴烧损加剧，过大的电流会产生双弧现象。

（2）空载电压

空载电压高，易于引弧，特别是切割大厚度工件时提高切割电压效果更好，为了得到较高的空载电压需选用空载电压较高的电源。空载电压还与割炬结构、喷嘴至工件距离、气体流量等因素有关。

（3）切割速度

切割速度对切割质量有较大的影响，合适的切割速度是切口表面平直的重要条件。提高切割速度使切口区域受热减小、切口变窄，甚至不能切透工件；切割速度过慢，生产效率低，切口表面粗糙，甚至在切口背面形成熔瘤，致使清渣困难。在保证割透的前提下，应尽量提高切割速度。

（4）气体流量

气体流量大有利于电弧的压缩，使等离子弧的能量更为集中，同时工作电压也随之提高，可提高切割速度和切割质量。但气体流量过大，会使电弧散失一定的热量，反而降低切割能力，电弧燃烧不稳定，甚至使切割过程无法进行。

（5）喷嘴距工件距离

喷嘴到工件的距离增加时，电弧电压升高，等离子弧显露在空间的距离增加，弧柱散失的能量增加，使有效能量减少，对熔融金属的吹力减弱，切口下部熔瘤增多，切割质量变坏，容易出现双弧而烧坏喷嘴。距离过小，喷嘴与工件易短路而导致喷嘴烧坏，破坏切割过程的正常进行。在电极内缩量一定（通常为2~4 mm）时，喷嘴与工件的距离一般为6~8 mm；空气等离子弧切割和水压缩等离子弧切割的喷嘴距离可略小于6 mm。

2. 气体选择

等离子弧切割通常采用N_2、N_2+H_2、N_2+Ar。也有用压缩空气、水蒸气或水作为产生等离子弧的介质。氮气是应用最广泛的切割气体，由于氮气的引弧性和稳弧性较差，需要较高的空载电压，一般在165 V以上。氢气的携热性、导热性都很好，分解热较大，要求有更高的空载电压（350 V 以上）才能产生稳定的等离子弧。氢气等离子弧的喷嘴易烧损，一般不采用，氢气通常作为一种辅助气体被加入，在切割厚度较大的工件时有利于提高切割能力和切口质量。氩气价格较高，大量使用不经济，但用于等离子弧切割气体的空载电压较低（70~90 V），不能切割厚度较大的工件（30 mm 以上）。H_2、N_2、Ar 任何两种气体混合使用，比使用单一气体效果好。

3. 提高切割质量的途径

切口质量的评定包括切口宽度、切口垂直度、切口表面粗糙度、割纹深度、切口底部熔瘤、切口热影响区的硬度及宽度等。

（1）保证切口宽度和平直度

等离子弧切割时主要是靠弧柱的高温来熔化切口金属，当工件厚度较大时，切口的上部往往比下部切去的金属多，使切口端面稍微倾斜。等离子弧切口宽度比氧—乙炔切割宽 1.5~2 倍，板厚增加，切口宽度也增加。板厚 25 mm 以下的不锈钢或铝，可用小电流等离子弧进行切割，切口平直度高，特别是切割厚度 8 mm 以下的板材，可以切出较小的棱角，切割精度非常高。

（2）减少切口熔瘤

采用等离子弧切割时切口背面容易形成熔瘤，清除比较困难，影响工件的正常使用。为了减少熔瘤的产生，可采取如下的措施：

1）保证喷嘴与钨极的同心度。钨极与喷嘴对中不好会导致气体和电弧的对称性被破坏，使等离子弧不能很好地压缩或产生弧偏吹，切口不对称，引起熔瘤增多，严重时引起双弧，使切割过程不能顺利进行。

2）保证等离子弧有足够的功率。等离子弧功率提高，即等离子弧能量增加，弧柱拉长，使切割过程中熔化金属的温度提高和流动性好，这时在高温气流吹力的作用下，熔化金属很容易被吹掉。增加弧柱功率可提高切割速度和切割过程的稳定性，也可采用更大的气流量来增加气流的吹力，这对消除切口熔瘤十分有利。

3）选择合适的气体流量和切割速度。气体流量过小，吹力不够，容易产生熔瘤。随着气体流量增加，切口质量得到提高，可获得无熔瘤的切口。但过大的气体流量却导致等离子弧变短，使等离子弧对工件下部的熔化能力变差，切口后拖量增大，切口呈 V 字形，反而又容易形成熔瘤。

（3）保证电极与喷嘴的同心度

同心度不好会使等离子弧偏吹，切口不对称，切口背面易形成熔瘤，甚至导致双弧烧坏喷嘴而使切割过程不能顺利进行。

（4）保证等离子弧有足够功率

等离子弧能量大，弧柱挺度高，使金属熔化速度快、流动性好，容易被吹除，能有效防止熔瘤的产生。

（5）选择合适的气体流量和切割速度

气体流量小，吹力不够，熔化金属容易附着在切口背面形成熔瘤。增加气体的流量，吹力增加，熔化金属吹除彻底，能得到无熔瘤的切口。但气体流量也不能太大，过大的气体流量将导致等离子弧变短，切割厚件时工件下部熔化能力差，液体金属不易吹除，也容易形成熔瘤。

（6）避免产生双弧

等离子弧切割过程中，如果产生双弧将使喷嘴迅速烧损，破坏电弧的稳定性，影响切割质量，如喷嘴烧损而漏水将使切割过程无法进行。防止产生双弧的措施有：

1）正确选择电流及离子气流量。

2）减少转弧时的冲击电流。

3）喷嘴孔道不要太长。

4）电极和喷嘴应尽可能对中。

5）喷嘴至割件的距离不要太近。

6）电极内缩量不要太大。

7）加强对电极和喷嘴的冷却。

4. 大厚度工件切割

随着等离子弧切割技术的发展，大厚度工件切割也很方便，铸铁、不锈钢大厚度工件等离子弧切割工艺参数见表6—2。

表6—2　　　　　　　　大厚度工件等离子弧切割工艺参数

材料	厚度/mm	空载电压/V	切割电流/A	切割电压/V	功率/kW	切割速度/（m/h）
铸铁	100	240	400	160	64	13.2
	120	320	500	170	85	10.9
	140	320	500	180	90	8.56
不锈钢	110	320	500	165	82.5	12.5
	130	320	500	175	87.5	9.75
	150	320	440～480	190	91	6.55

为了保证切割质量，应注意下列工艺特点：

（1）随切割厚度的增加，需熔化的金属量也增加，因此，要使用功率比较大的切割电源。

（2）等离子弧要呈细长形，挺度好，弧柱维持高温的距离要长。

（3）在转弧时电流突变，容易引起电弧中断、烧坏喷嘴，因此，要求设备采用电流递增转弧或分级转弧的办法。可在切割回路中串入限流电阻（如0.4 Ω）以降低转弧时的电流值，电弧建立后，再把电阻短路掉。

（4）切割开始时要预热，预热时间根据被切割材料的性能和厚度确定。大厚度工件切割开始后，要等到割透后再移动割炬，实现连续切割，否则工件将割不透。收尾时要等工件完全割开后才能断弧。

5. 常用金属材料的等离子弧切割工艺参数

不同材料的一般等离子弧切割工艺参数见表6—3；水压缩等离子弧切割工艺参数见表6—4；空气等离子弧切割工艺参数见表6—5。

表6—3　　　　　　　　不同材料的一般等离子弧切割工艺参数

材料	工件厚度/mm	喷嘴孔径/mm	空载电压/V	切割电流/A	切割电压/V	氮气流量/(L/min)	切割速度/(cm/min)
不锈钢	8	3	160	185	120	35~38	75~83
	20	3	160	220	120~125	32~36	53~66
	30	3	230	280	135~140	45	58~66
	45	3.5	240	340	145	42	33~42
铝和铝合金	12	2.8	215	250	125	73	130
	21	3.0	230	300	130	73	125~133
	34	3.2	240	350	140	73	58
	80	3.5	245	350	150	73	16
纯铜	5	—	—	310	70	24	156
	18	3.2	180	340	84	28	50
	38	3.2	252	304	106	26	19
低碳钢	50	10	252	300	110	21	16
	85	7	252	300	110	17	8
铸铁	5	—	—	300	70	24	100
	18	—	—	360	73	25	42
	35	—	—	370	100	25	14

表 6—4 水压缩等离子弧切割工艺参数

材料	工件厚度 /mm	喷嘴孔径 /mm	切割电压 /V	切割电流 /A	压缩水流量 /（L/min）	氮气流量 /（L/min）	切割速度 /（cm/min）
低碳钢	3	3	145	260	2	52	500
	3	4	140	260	1.7	78	500
	6	3	160	300	2	52	380
	6	4	145	380	1.7	78	380
	12	4	155	400	1.7	78	250
	12	5	160	550	1.7	78	290
	51	5.5	190	700	2.2	123	60
不锈钢	3	4	140	300	1.7	78	500
	19	5	165	575	1.7	78	190
	51	5.5	190	700	2.2	123	60
铝	3	4	140	300	1.7	78	572
	25	5	165	500	1.7	78	203
	51	5.5	190	700	2	123	102

表 6—5 空气等离子弧切割工艺参数

材料	工件厚度 /mm	喷嘴孔径 /mm	空载电压 /V	切割电压 /V	切割电流 /A	压缩空气流量 /（L/min）	切割速度 /（cm/min）
不锈钢	8	1	210	120	30	8	20
	6	1	210	120	30	8	38
	5	1	210	120	30	8	43
碳素钢	8	1	210	120	30	8	24
	6	1	210	120	30	8	42
	5	1	210	120	30	8	56

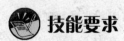 技能要求

不锈钢板的空气等离子弧切割

一、切割前准备

1. 切割设备

LG-400-1 型等离子弧切割机，氮气瓶、减压器和流量计，等离子弧割炬，

铈钨极（直径 5.5 mm）。

2. 割件

12Cr18Ni9 不锈钢板，长、宽、厚为 200 mm×500 mm×20 mm。

3. 开机

（1）按切割机外部接线要求连接好气路、水路和电路。

（2）把割件与正极牢固连接。调整好小车、割件的位置。

（3）打开水路、气路检查有无漏水、漏气并调整好非转移弧和转移弧气体流量。

（4）接通控制电路，检查电极同心度。接通高频振荡回路，高频火花在电极和喷嘴之间，呈圆周均匀分布在 75%～80% 以上，其同心度最佳。

（5）自动切割小车试运行，调节割炬位置，喷嘴高度（一般距割件 6～8 mm），并选择切割速度。

（6）启动切割电源，查看空载电压，调节切割电流。

二、切割工艺参数的选择

切割工艺参数的选择见表 6—6。

表 6—6　　　　　**20 mm 厚不锈钢板等离子弧切割工艺参数**

电极直径 /mm	电极内缩量 /mm	喷嘴至割件距离/mm	喷嘴直径 /mm	空载电压 /V	工作电压 /V	工作电流 /A	气体流量 /（L/h）	切割速度 /（m/h）
5.5	10	6～8	3	160	120～125	220	1 900～2 200	32～40

三、切割

1. 启动高频引弧，引弧后高频电路自动切断，非转移弧接触被割工件。

2. 按动切割按钮，转移弧电流接通并自动接通切割气流和切断非转移弧电流。

3. 电弧穿透割件后，开动小车自动进行切割。切割速度、气体流量和切割电流可进行适当调整。

4. 切割完毕，电路自动断开，小车自动停车，气路自动断开。

5. 切断电源，关闭水路和气路。

四、操作要领

由非转移弧过渡到转移弧时，割件温度偏低，应将非转移弧在起割点稍稍停顿一下，待电弧稳定燃烧后再开始用转移弧进行切割。由非转移弧转换成转移弧后，割件就作为正极而构成回路。在操作时割炬和割件的距离不像气体火焰那样自由，距离过大将产生断弧，应控制喷嘴到工件的距离（6～8 mm 为宜）。

起割时应从割件边缘开始，要等到割透后再移动割炬，导入切割尺寸线实现连续切割。如需在工件中间位置起割，要事先在割件的适当位置钻削直径为 12 mm 的工艺孔作起割点，防止起割时翻弧导致熔渣堵塞、烧坏喷嘴。

切割时速度过快，底层金属割不透，容易产生翻弧；切割速度过慢将使切口宽而不齐，电弧相对变长而造成电弧不稳，甚至熄弧，使切割过程不能顺利进行。因此，割炬移动速度应在保证割透的情况下尽量快一些。

整个切割过程中割炬应保持与切口平面平行，保证切口平直光洁。根据割件厚度的变化调整割炬与切割方向反方向的夹角。当切割厚件采用大功率时，后倾角应小一些；切割薄板采用小功率时，后倾角应大一些。

切割大厚度割件时，需要较大的功率，所使用的喷嘴和电极直径需相应的增大；调整气体流量，使等离子弧白亮的部分长而挺直，具有较大的吹力；采用较大的气体流量和较高的空载电压电源，以克服切割厚件时电弧的不稳定性。

五、切口质量检验

良好的切割质量应当是切口表面光洁、宽度窄、横断面呈矩形、无熔渣或挂渣（熔瘤）、表面硬度不妨碍割后的机械加工。

切口质量评定因素与切割工艺参数有关。若采用的切割工艺参数合适而切口质量不理想时，要检查电极与喷嘴的同心度以及喷嘴结构是否合适。喷嘴的烧损会严重影响切口质量。利用等离子弧切割不锈钢板及开坡口时，要特别注意切口底部不能残留熔渣，不然会增加焊接装配的困难。

六、注意事项

1. 防电击

等离子弧切割电源的空载电压较高，尤其在手工操作时有电击的危险。电源在使用时应可靠接地，割炬的把手绝缘必须可靠。尽可能采用自动操作方法。

2. 防电弧光辐射

电弧光辐射强度大，等离子弧较其他电弧的紫外线辐射更强，对皮肤损伤严重，操作者在切割时必须戴上良好的面罩、手套，最好加上吸收紫外线的镜片。可以采用水中切割方法，利用水来吸收光辐射。

3. 防灰尘和烟气

等离子弧切割过程中会逸出大量气化的金属蒸气、臭氧、氮氧化物及大量灰尘等。这些烟气与灰尘对操作者的呼吸道、肺等会产生严重的影响。因此，工作场地应设置通风设备和抽风的工作台，采用水中切割的方法能有效减少灰尘、烟气。

4. 防噪声

等离子弧会产生高强度、高频率的噪声，尤其是采用大功率的等离子弧切割时，其噪声更大，对操作者的听觉系统和神经系统影响较大，其噪声能量集中在 2 000～8 000 Hz 范围内，要求操作者必须戴耳塞。尽可能采用自动切割，设置隔音操作室，也可以采用水中切割方法，利用水来吸收噪声。

5. 防高频

等离子弧切割采用高频振荡器引弧，高频对人体有一定的危害。引弧频率选择在 20～60 kHz 较为合适。还要求工件可靠接地，转移弧引燃后，应保证迅速切断高频振荡器电源。

第2节　激 光 切 割

 学习目标

➢ 了解激光切割的种类、特点。

➢ 了解激光切割的应用。

➢ 熟悉激光切割设备。

➢ 掌握激光切割工艺参数及激光切割操作要点。

➢ 能进行不锈钢板的激光切割。

➢ 熟悉激光切割的安全防护措施。

 知识要求

激光切割是材料加工中一种先进的和应用较为广泛的切割工艺，它是利用高能量密度的激光束作为热源对材料进行热切割的加工方法。采用激光切割技术可以实现各种金属、非金属板材、复合材料及碳化钨、碳化钛等硬质材料的切割，在国防建设、航空航天、工程机械、汽车等领域得到了广泛应用。

一、激光切割的原理、分类及特点

1. 激光切割原理
激光切割是利用经聚焦的高功率密度激光束照射工件，使被照射的材料迅速熔化、汽化、烧蚀或达到燃点，同时借助与光束同轴的高速气流吹除熔融物质，从而实现将工件割开。激光切割属于热切割方法之一，激光切割的原理如图6—5所示。

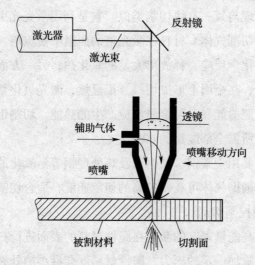

图6—5　激光切割的原理图

2. 激光切割分类
激光光束能够切割各种金属和非金属材料，其切割方式有四种，现分述如下。

（1）激光汽化切割

当高能量的激光光束照射到被切割工件时，沿着激光光束轨迹方向的材料在非常短的时间内达到沸点，形成蒸气而急剧汽化，这些蒸气高速喷出的同时，在材料上形成切口，利用这种机理来实现分离的切割叫做激光汽化切割。由于这种切割方法需在真空中或在特殊场合下进行，而且材料的汽化热一般很大，所需的激光功率密度也很大，此法较少采用。

激光汽化切割多用于极薄金属材料和非金属材料（如纸、布、木材及塑料等）的切割。

（2）激光熔化切割

激光熔化切割是指利用高能量的激光光束照射到被切割材料的表面，使切割材料熔化，然后通过与光束同轴的喷嘴喷出非氧化性气体（Ar、He、N_2等），将熔化的被切割材料从切缝中吹掉从而实现分离的切割方法。激光熔化切割多用于纸张、布、木材、塑料、橡皮以及岩石、混凝土等非金属的切割。非金属材料一般都不易氧化，且对 10.6 μm 波长的激光吸收率特别高，传热系数极低，使其熔化、蒸发所需能量较小，非常有利于进行 CO_2 激光切割。激光熔化切割也可用于切割活性金属材料，如不锈钢、钛、铝及其合金等。激光熔化切割时不需要被切割材料完全汽化，所需能量只有汽化切割的 1/10。

（3）激光氧化切割

激光氧化切割原理与氧—乙炔切割类似。它是利用激光光束作为预热热源，用氧气等活性气体作为切割气体。材料在激光束的照射下被点燃，喷射出的气体一方面与金属发生剧烈的化学反应，释放出大量的氧化热；另一方面将熔融的氧化物和熔化物从反应区吹除，在金属上形成切口。很显然，激光氧化切割过程中存在着两个热源，即激光光束照射能和氧与金属反应产生的热能。切割钢材时，氧化反应放出的热量要占到切割所需全部能量的 60% 左右。

激光氧化切割主要用于碳钢、钛钢以及热处理钢等易氧化的金属材料，与惰性气体比较，使用氧作辅助气体可获得较高的切割速度，适合切割较厚的工件。

（4）划片与断裂控制切割

激光划片是利用高能量密度的激光在脆性材料的表面进行扫描，使材料受热蒸发出一条小槽，然后施加一定的压力，脆性材料就会沿小槽处裂开。激光划片用的激光器一般为 Q 开关激光器和 CO_2 激光器。

对于容易受热破坏的脆性材料，通过激光光束加热进行高速、可控的切断，称为断裂控制切割。断裂控制切割时，激光光束加热材料小块区域，引起该区域大的热梯度和严重的机械变形，导致材料形成裂缝。只要保持均衡的加热梯度，激光束可引导裂缝在任何需要的方向产生。

3. 激光切割特点

激光切割、氧—乙炔切割、等离子弧切割各有其特点，现以切割 6.2 mm 厚的低碳钢板加以对比，见表6—7。

表6—7　　　　　激光切割、氧—乙炔切割、等离子弧切割方法比较

切割方法	切缝宽度/mm	热影响区宽度/mm	切缝形态	切割速度	设备费用
激光切割	0.2 ~ 0.3	0.04 ~ 0.06	平行	快	高
氧—乙炔切割	0.9 ~ 1.2	0.6 ~ 1.2	比较平行	慢	低
等离子弧切割	3.0 ~ 4.0	0.5 ~ 1.0	锲形且倾斜	快	中高

激光切割与其他切割方法比较具有以下优点。

（1）切割质量好

由于激光光束的聚焦性好、光斑小，激光切割的加热面积只有氧—乙炔焰的 $1/1\,000 \sim 1/10$，所以氧化反应的范围非常集中，促使激光切口宽度窄、精度高、热影响区小、变形小、表面粗糙度好、切口光洁美观，切割零件的尺寸精度可达 ± 0.05 mm，切缝一般不需再加工即可使用。

（2）切割效率高

如采用 2 kW 的激光功率，对 4.8 mm 厚的不锈钢板进行加氧切割，切割速度可达 400 cm/min。切割速度主要由激光功率密度决定，但喷吹气体选择不当也会直接影响切割速度，对易氧化放热的金属喷吹氧化性气体切割速度要快很多。另外，由于激光传输的特性，激光切割机上一般配有数台数控工作台，整个切割过程全部可以实现数控。操作时，只要改变数控程序，就可进行不同形状工件的二维或三维切割，节省工作时间。

（3）非接触式切割

激光切割时利用激光光束对工件进行加热，割炬与工件不接触，切割不同形状、不同厚度的零件时，只需改变激光器的输出参数就可完成。

（4）适应性强

利用激光可以切割各种金属材料和非金属材料，虽然几乎所有的金属材料在室温时对红外波能量有很高的反射率，但发射处于远红外波段 $10.6\ \mu m$ 光束的 CO_2 激光器还成功应用于许多金属材料的激光切割。金属对 $10.6\ \mu m$ 激光束的起始吸收率只有 $0.5\% \sim 10\%$，但是，当具有功率密度超过 10^6 W/cm^2 的聚焦激光束照射到金属表面时，材料吸收的光能向热能的转换是在极短时间（10^{-9} s）内完成的，处于熔融状态的金属对光能的吸收率急剧上升，一般可提高到 $60\% \sim 80\%$。非金属材料一般对激光的吸收率均较高。对不同的材料采用 CO_2 激光器切割时性能见表 6—8。

4. 激光切割的应用

激光切割机大多由数控程序进行控制，进行二维或三维切割非常方便。激光切割作为一种精密的加工方法，几乎可以切割所有的材料。

激光切割成型技术在非金属材料加工领域也有着较为广泛的应用。不仅可以切割硬度高、脆性大的材料，如氮化硅、陶瓷、石英等；还能切割加工柔性材料，如布料、纸张、塑料板等。

表6—8　　　　　　　　　对不同的材料采用 CO_2 激光器切割时性能

材料		吸收激光的能力	切割性能
金属	Au、Ag、Cu、Al	对激光的吸收量小	一般来说，较难加工，1～2mm厚的 Cu 和 Al 的薄板可进行激光切割
	W、Mo、Cr、Zr、Ti（高熔点材料）	对激光的吸收量大	若用低速加工，薄板能进行切割。但 Ti、Zr 等金属需要用 Ar 作辅助气体
	Fe、Ni、Pb、Sn		比较容易加工
非金属	有机材料 丙烯酰、聚乙烯、聚丙烯、聚酯、聚四氟乙烯	可透过白热光	大多数材料都能用小功率激光器进行切割。但因这些材料是可燃的，切割面易被碳化。丙烯酰、聚四氟乙烯不易碳化。一般可用氮气或干燥空气作辅助气体
	有机材料 皮革、木材、布、橡胶、纸、玻璃、环氧树脂、酚醛塑料	透不过白热光	
	无机材料 玻璃、玻璃纤维	热膨胀大	玻璃、陶瓷、瓷器等在加工过程中或加工后易发生开裂。厚度小于2mm的石英玻璃，切割性良好
	无机材料 陶瓷、石英玻璃、石棉、云母、瓷器	热膨胀小	

二、激光切割设备的组成

1. 激光切割设备

激光切割设备按激光工作物质不同，可分为固体激光切割设备和气体激光切割设备，即钇铝石榴石固体激光器（通常称 YAG 激光器）和 CO_2 气体激光器；按激光器工作方式不同，分为连续激光切割设备和脉冲激光切割设备。典型的 CO_2 激光切割设备的基本构成如图6—6所示。激光切割设备各结构的作用如下。

（1）激光电源

供给激光振荡用的高压电源。

（2）激光振荡器

产生激光的主要设备。

（3）折射反射镜

用于将激光导向所需要的方向，为使光束通路不发生故障，所有射镜都要用保护罩加以保护。

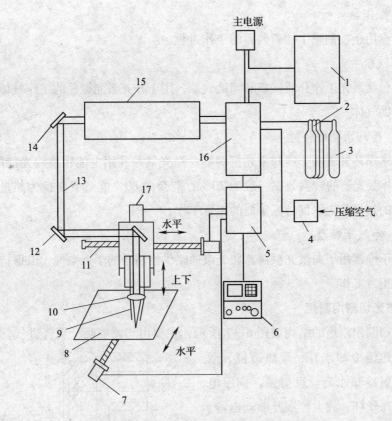

图6—6 典型的 CO_2 激光切割设备的基本构成

1—冷却水装置 2—激光气瓶 3—辅助气体瓶 4—空气干燥器 5—数控装置 6—操作盘

7—伺服电动机 8—切割工作台 9—割炬 10—聚焦透镜 11—丝杆 12, 14—反射镜

13—激光束 15—激光振荡器 16—激光电源 17—伺服电动机和割炬驱动装置

（4）割炬

割炬主要包括枪体、聚焦透镜和辅助气体喷嘴等零件。

（5）切割工作平台

切割工作平台用于安放被切割工件，并能按控制程序精确地进行移动，通常由伺服电动机驱动。

（6）割炬驱动装置

割炬驱动装置用于按照程序驱动割炬沿 X 轴和 Z 轴方向运动，由伺服电动机和丝杆等传动件组成。

（7）数控装置

数控装置对切割平台和割炬的运动进行控制，同时也控制激光器的输出功率。

（8）操作盘

操作盘用于控制整个切割装置的工作过程。

（9）气瓶

气瓶包括激光工作介质气瓶和辅助气瓶，用于补充激光振荡的工作气体和供给切割用辅助气体。

（10）冷却水循环装置

冷却水循环装置用于冷却激光振荡器。激光器是利用电能转换成光能的装置，如 CO_2 气体激光器的转换效率一般为 20%，剩余的 80% 能量就变换为热量。冷却水把多余的热量带走以保持振荡器的正常工作。

（11）空气干燥器

空气干燥器用于向激光振荡器和光束通路供给洁净的干燥空气，以保持通路和反射镜的正常工作。

2. 激光切割用割炬

激光切割用割炬的结构如图6—7所示，主要由切割喷嘴、氧气进气管、氧气压力表、透镜冷却水套、聚焦透镜、激光束、反射冷却水套、反射镜、伺服电动机、滚珠丝杆、放大控制及驱动电器、位置传感器等组成。

（1）激光切割时割炬要求

1）能够喷射出足够的气流。

2）割炬内气体的喷射方向必须和反光镜的光轴同轴。

3）割炬的焦距调节方便。

4）切割时，保证金属蒸气和切割金属的飞溅不会损伤反射镜。

（2）割炬的移动情况

割炬的移动是通过数控运动系统进行调节，割炬与工件间的相对移动有三种情况：

1）割炬不动，工件通过工作台运动，主要用于尺寸较小的工件。

2）工件不动，割炬移动。

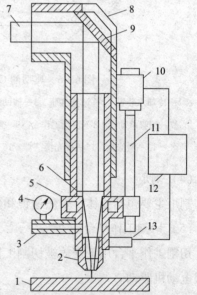

图6—7　激光切割用割炬的结构

1—工件　2—切割喷嘴　3—氧气进气管

4—氧气压力表　5—透镜冷却水套　6—聚焦透镜

7—激光束　8—反射冷却水套　9—反射镜

10—伺服电动机　11—滚珠丝杆

12—放大控制及驱动电器　13—位置传感器

3）割炬和工作台同时运动。

激光切割时，喷嘴向切割区喷射辅助气体，其结构形状对切割效率和质量有一定的影响。喷嘴的形状有圆柱形、锥形和缩放形等，如图 6—8 所示。

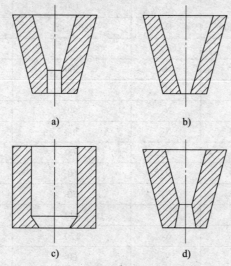

图 6—8　激光切割机常用的喷嘴形状

a）收缩准直型　b）收缩型　c）准直收缩型　d）收缩扩张型

喷嘴的形状一般根据切割工件的材料、厚度、辅助气体压力等经试验后确定。

三、激光切割工艺参数

1. 光束横模

（1）基模

基模又称为高斯模，是切割最理想的模式，主要出现在功率小于 1 kW 的激光器上。

（2）低阶模

低阶模与基模比较接近，主要出现在功率为 1~2 kW 的中功率激光器上。

（3）多模

多模是高阶模的混合，主要出现在功率大于 3 kW 的激光器上。

相同功率的情况下多模的聚焦性差、切割能力低，单模激光的切割能力优于多模。常用材料的单模激光切割工艺参数见表 6—9，常用材料的多模激光切割工艺参数见表 6—10。

2. 激光功率

激光切割所需要的激光功率主要取决于切割类型以及被切割材料的性质。汽化

表 6—9 常用材料的单模激光切割工艺参数

材料	厚度/mm	辅助气体	切割速度/（cm/min）	切缝宽度/mm	功率/W
低碳钢	3	O_2	60	0.2	
不锈钢	1	O_2	150	0.1	
钛合金	10（40）	O_2	280（50）	1.5（3.5）	
有机透明玻璃	10	N_2	80	0.7	
氧化铝	1	O_2	300	0.1	
聚酯地毯	10	N_2	260	0.5	
棉织品（多层）	15	N_2	90	0.5	
纸板	0.5	N_2	300	0.4	250
波纹纸板	8	N_2	300	0.4	
石英玻璃	1.9	O_2	60	0.2	
聚丙烯	5.5	N_2	70	0.5	
聚苯乙烯	3.2	N_2	420	0.4	
硬质聚氯乙烯	7	N_2	120	0.5	
纤维增强塑料	3	N_2	60	0.3	
木材（胶合板）	18	N_2	20	0.7	
低碳钢	1	N_2	45		
	3	N_2	150		
	6	N_2	50		
	1.2	O_2	600	0.15	
	2	O_2	400	0.15	500
	3	O_2	250	0.2	
不锈钢	1	O_2	300		
	3	O_2	120		
胶合板	18	N_2	350		

表 6—10 常用材料的多模激光切割工艺参数

材料	板厚/mm	切割速度/（cm/min）	切缝宽度/mm	功率/kW
铝	12	230	1	15
碳钢	6	230	1	15
304 不锈钢（0Cr18Ni9）	4.6	130	2	20
硼/环氧复合材料	8	165	1	15
纤维/环氧复合材料	12	460	0.6	20
胶合板	25.4	150	1.5	8
有机玻璃	25.4	150	1.5	8
玻璃	9.4	150	1	20
混凝土	38	5	6	8

切割所需激光功率最大，熔化切割次之，氧化切割由于有第二热源（氧化放热），所需激光功率最小。激光功率对切割速度、切割厚度和切口宽度有很大影响。激光功率增大，切割速度增加，所能切割材料的厚度增加，切口宽度也增加。

3. 焦点位置（离焦量）

离焦量对切口宽度和切割深度影响较大。一般选择焦点位于材料表面下方约 1/3 板厚处，切割深度最大，切口宽度最小。

4. 焦点深度

切割较厚工件时，应采用焦点深度大的光束，以获得垂直度较好的切割面。但焦点深度大，光斑直径也增大，功率密度随之减小，使切割速度降低。若要保持一定的切割速度，则需要增大激光的功率；切割薄板宜采用较小的焦点深度，这样光斑直径小，功率密度高，切割速度快。

5. 切割速度

切割速度直接影响切口宽度和切口表面粗糙度。对于不同厚度的材料，不同的切割气体压力，总有一个最佳的切割速度，这个切割速度约为最大切割速度的 80%。随着割件厚度的增加，切割速度降低。使用氧气作辅助气体时，如果氧的燃烧速度高于激光束的移动速度，切口显得宽而粗糙。如果激光束的移动速度比氧的燃烧速度快，所得切口狭窄而且光滑。

6. 辅助气体的种类和压力

切割低碳钢时采用氧气作辅助气体，有利于金属的燃烧放热，切割速度快，切口光洁，无挂渣。切割不锈钢时，由于不锈钢熔化金属流动性差，在切割过程中不易把熔化金属全部从切口中吹掉，采用 $O_2 + N_2$ 混合气体或双层气流效果较好，单用 O_2 在切口底部易挂渣。增加辅助气体压力可以提高排渣能力，有利于切割速度的提高。但过高的压力，会导致切口粗糙。

四、激光切割操作要点

激光切割时激光束的参数、机器与数控系统的性能和精度都直接影响激光切割的效率和质量。要想得到满意的切割质量，必须掌握好如下几项：

1. 焦点位置控制技术

激光切割的优点之一是光束的能量密度高，一般为 10^6 W/cm^2。所以焦点光斑直径应尽可能的小，以便减小切缝宽度；同时焦点光斑直径还和透镜的焦深成正比。聚焦透镜焦深越小，焦点光斑直径就越小。但切割时有飞溅，透镜离工件太近容易将透镜损坏，因此，一般大功率 CO_2 激光切割工业应用中广泛采用 5″ ~ 7.5″

（127～190 mm）的焦距。实际焦点光斑直径在 0.1～0.4 mm 之间。对于高质量的切割，有效焦深还和透镜直径及被切材料有关。例如，用 5″的透镜切碳钢，焦深为焦距的 ±2% 范围内，即 5 mm 左右。因此，控制焦点相对于被切材料表面的位置十分重要。考虑到切割质量、切割速度等因素，原则上 6 mm 厚的金属材料，焦点在表面上；6 mm 厚的碳钢，焦点在表面之上；6 mm 厚的不锈钢，焦点在表面之下。具体尺寸由试验确定。

在工业生产中确定焦点位置的简便方法有三种。

（1）打印法

使切割头从上往下运动，在塑料板上进行激光束打印，打印直径最小处为焦点。

（2）斜板法

用和垂直轴成一角度斜放的塑料板使其水平拉动，寻找激光束的最小处为焦点。

（3）蓝色火花法

去掉喷嘴，吹空气，将脉冲激光打在不锈钢板上，使切割头从上往下运动，直至蓝色火花最大处为焦点。

2. 切割穿孔技术

任何一种热切割技术，除少数情况可以从板边缘开始外，一般都必须在板上穿一小孔。早先在激光冲压复合机上是用冲头先冲出一孔，然后再用激光从小孔处开始进行切割。对于没有冲压装置的激光切割机有两种穿孔的基本方法：

（1）爆破穿孔

材料经连续激光的照射后在中心形成一凹坑，然后由与激光束同轴的氧流很快将熔融材料去除形成一孔。一般孔的大小与板厚有关，爆破穿孔平均直径为板厚的一半，因此对较厚的板爆破穿孔孔径较大，且不圆，不宜在要求较高的零件上使用，只能用于废料上。此外由于穿孔所用的氧气压力与切割时相同，飞溅较大。

（2）脉冲穿孔

采用高峰值功率的脉冲激光使少量材料熔化或汽化，常用空气或氮气作为辅助气体，以减少因放热氧化使孔扩展，气体压力较切割时的氧气压力小。每个脉冲激光只产生小的微粒喷射，逐步深入，因此，厚板穿孔时间需要几秒钟。一旦穿孔完成，立即将辅助气体换成氧气进行切割。这样穿孔直径较小，其穿孔质量优于爆破穿孔。为此所使用的激光器不但应具有较高的输出功率；更重要的是光束的时间和空间特性，因此，一般横流 CO_2 激光器不能适应激光切割的要求。此外，脉冲穿孔还须要有较可靠的气路控制系统，以实现气体种类、气体压力的切换及穿孔时间的控制。在采用脉冲穿孔的情况下，为了获得高质量的切口，从工件静止时的脉冲穿孔到工件等速连续切割的过渡技术应予以重视。从理论上讲通常可改变加速段的切割条件，如焦距、喷嘴位置、气体压力等，但实际上由于时间太短，改变以上条件的可能性不大。在工业生产中采用改变激光平均功率的办法比较现实，具体方法有以下三种：

1）改变脉冲宽度。

2）改变脉冲频率。

3）同时改变脉冲宽度和频率。

实际结果表明，第 3 种效果最好。

五、激光切割的质量

1. 零件的尺寸精度

激光切割的热变形很小，切割零件的尺寸精度主要取决于切割设备（包括驱动式工作平台）的机械精度和控制精度。

在脉冲激光切割中，采用高精度的切割设备和控制技术，尺寸精度可达到微米级。CO_2 脉冲激光切割 3 mm 厚的高碳钢时尺寸偏差小于 50 μm。在连续激光切割时，零件的尺寸精度通常为 ±0.2 mm，有时可达到 ±0.1 mm。

2. 切口质量

激光切割的切口质量主要包括切口宽度、切割面的倾斜角和切割面粗糙度等。切口质量要素如图 6—9 所示。

（1）切口宽度

CO_2 激光切割不锈钢时，切口宽度一般为 0.2 ~0.3 mm。

（2）切口倾斜角

CO_2 激光切割不锈钢时，为避免黏渣，

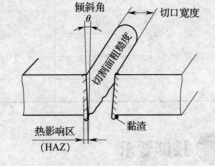

图 6—9　切口质量要素示意图

焦点位置通常设在钢板表面以下部位，因此，倾斜角比切割碳素钢时略大，而且即使切割不锈钢薄板时也经常出现倾斜的切割面。切口倾斜角一般≤1.5°。

（3）切割面粗糙度

CO_2 激光切割不锈钢板时，切割面粗糙度与板的厚度有关，最大粗糙度≤50 μm。

常用金属材料激光切割工艺参数见表 6—11。

表6—11　　　　　　　　　常用金属材料激光切割工艺参数

材料	厚度/mm	辅助气体	切割速度/（cm/s）	激光功率/W
低碳钢	1.0	O_2	900	1 000
	1.5		300	300
	3.0		200	300
	6.0		100	1 000
	16.2		114	4 000
	35		50	4 000
30CrMnSi	1.5	O_2	200	500
	3.0		120	500
	6.0		50	500
不锈钢	0.5	O_2	450	250
	1.0		800	1 000
	1.6		456	1 000
	2.0		25	250
	3.2		180	500
	4.8		400	2 000
	6.0		80	1 000
	6.3		150	2 000
	12		40	2 000
钛合金	3.0	O_2	1 300	250
	8.0		300	250
	10.0		280	250
	40.0		50	250

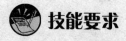 **技能要求**

激光切割不锈钢板

一、操作准备

1. 切割设备准备

数控激光切割机，高纯度二氧化碳、氦气、氮气及普通纯度氮气、氧气钢瓶等。

2. 割件制备

12Cr18Ni9 不锈钢板，长、宽、厚为 200 mm×500 mm×2 mm。

3. 切割参数

切割速度为 25 cm/s，激光输出功率为 250 W。

二、操作步骤

（1）领取鉴定电子档图样文件。

（2）数控切割加工程序编制。

数控切割程序编制方法有手工编程和 CAD/CAM 自动编程两种方式，目前应用较多的是设备生产厂家在 AutoCAD 基础上二次开发的外挂自动编程软件，编程基本步骤如下（以法兰盘切割为例说明）：

1）CAD 图形的调入及绘制。各图形必须按实际尺寸绘制，并且只保留其用于下料切割的各轮廓线，所有尺寸标注等非轮廓线都必须全部删除。对用于数控下料切割的图形，该连接的线段必须真正连接上，线段不能有相互覆盖。

对于用其他绘图软件绘制的图形，需要首先存储为 AutoCAD 的 dwg 格式，然后再用 AutoCAD 来打开。

CAD 绘制完成的图形如图 6—10 所示。

图 6—10　绘制完成的图形

2）图形的切割工艺制作与加工代码转换。一个待切割零件的图形，都是实际零件的轮廓线，为了使切割下来的零件满足图样要求，一方面，需要在原来图形的基础上，添加有关切割工艺的辅助线，如给出起割点位置、切割的顺序等，因此，需对常规图形进行切割工艺制作；另一方面，还要考虑切口大小及后续加工所需预留量，为此要用切口补偿来得到割炬的实际轨迹线。具体操作如下：

①零件图层确定。在 CAD 中增加零件切割工艺制作所需的特定图层，对一个待切割零件，首先要将原来所绘制的零件的各切割线段，定义为内轮廓、外轮廓及不封闭图层，以便切口补偿时，对内轮廓部分向内偏移，对外轮廓部分则向外偏移，而对不封闭线段不进行偏移。同时，为了能规定割炬沿轨迹线按顺时针还是逆时针方向的顺序进行切割，内、外轮廓线又分顺和逆。图层设定方法如图 6—11 所示。

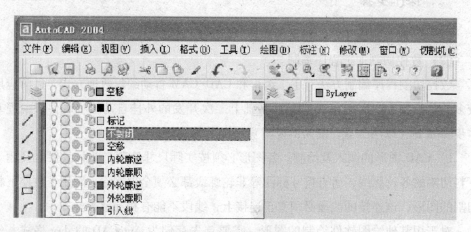

图 6—11　图层设定

②参数设置。设置引入线的长度和切口补偿数值。一般起割点处，都会有比正常切口大的熔口，因此，一般都不把起割点直接放在零件的轮廓线上，而是离开轮廓一定距离，再用一段线引至轮廓线上，这一段线称之为引入线。引入线的长度视板材厚度、切割工艺等来确定，引入线过长将浪费材料。一般图样都是按照零件的实际所需尺寸绘制的，而激光切割有一定宽度的切口，如果割炬按照图样中的轨迹进行切割，则切割后的零件实际尺寸将小于图样中的尺寸，故需按切口大小及是否预留后续加工余量来修改割炬的实际轨迹。切口补偿数值，取实际切口宽度的一半，再考虑是否预留加工余量来确定。设定方法如图 6—12 所示。

图 6—12　参数设置

③工艺编译。工艺编译将对待处理图形进行审定、组合及添加引入线。

④切口补偿。系统将按照所设定的切口大小对内、外轮廓线进行偏移处理，此时，原来的图形将被修改。工艺编译和切口补偿后的图形如图 6—13 所示。

⑤切割顺序的确定。用"自动排序"功能确定切割顺序，系统将在引入线端部用数字显示出切割的顺序。切割顺序如图 6—14 所示。

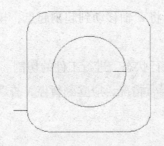

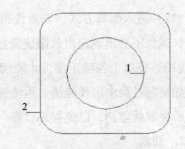

图 6—13 工艺编译和切口补偿后的图形 　　图 6—14 切割顺序

⑥定位点的确定。在实际使用中，用来确定系统的坐标原点，以该点作为基准来定位待切割坯料。

⑦激光切割参数输入。将激光功率、切割速度等参数输入系统中。

⑧加工代码转换。在完成了前述各项操作后，选择合适的路径，键入相应的文件名，即可输出文件。所存储的文件，即为可直接用于切割的代码文件。

三、激光切割机操作要领

1. 开机

（1）打开稳压电源总开关，将输出电压切换到稳压模式，不得使用市电。

（2）接通机床总电源开关（ON）。

（3）接通机床控制电源（钥匙开关）。

（4）待系统自检完成，机床各轴回参考点。

（5）启动冷水机组，检查水温、水压（正常水压为 0.5 MPa）。冷水机组上电 3 min 后，压缩机启动，风扇转动，开始制冷降温。

（6）打开高纯度二氧化碳、氦气、氮气及普通纯度氮气、氧气钢瓶，检查气瓶压力，启动空压机、冷干机。

（7）待冷水机降至设定温度（设定为 21℃），再打开激光器总电源，开低压。

（8）当激光器面板出现 "HV READY" 字样时，上高压。

（9）当激光器操作面板出现 "HV START" 字样时，激光器红色指示灯亮，数控系统右上角先前显示的 "LASER H – VOLTAGE NOT READY" 报警消失，表明高压正常，激光器进入待命工作状态。

（10）切割前确认材料种类、材料厚度、材料大小，务必检查所有切割头是否正确。

（11）调整板材，使其边缘和机床 X 轴和 Y 轴平行，避免切割头在板材范围外工作。

（12）进入编辑方式，调入代码文件。将 Z 轴移动到起割起点，模拟要执行的程序，确保不会出现超出软限位警报。

（13）待以上各项正常，才能切换到执行状态，进行工件的切割。

如切割过程中出现挂渣、返渣或其他异常情况，应立刻暂停，查明原因，问题解决后再继续切割，以免损坏设备。

2. 切割

检查焦点、气压、割嘴、割嘴到板面距离、功率、速度等，符合要求后开始切割。

3. 关机

切割工作完毕，按以下顺序关机：

（1）关激光器高压。

（2）关激光器低压。

（3）断开激光器总电源。

（4）关冷水机组。

（5）断开机床控制电源（钥匙开关），断开机床总电源开关（OFF）。

（6）关冷干机。

（7）关空压机。

（8）关闭气瓶气阀。

（9）断开稳压电源。

4. 检验

切割结束后，检验切割件的尺寸精度和切口质量，应符合要求。良好的切割质量应当是切口表面光洁、宽度窄、横断面呈矩形、无熔渣或挂渣（熔瘤）、表面硬度不妨碍割后的机械加工。

四、注意事项

1. 随着激光焊接与切割的推广应用，必须重视采取防护措施。激光器必须用密闭罩封闭起来。据现场调查的材料，有些激光焊接机、切割机和打孔机的激光器连外壳也不全，激光可从多处露出，在操作室内可从各种反射面看到激光束，这是有害的因素，必须采取将激光器严密封闭起来的措施。

2. 激光器外壳应装设安全联锁装置。维修和保养激光器时，工作人员在调试光路或检修时，可能受到激光的照射而造成眼睛和皮肤的损伤，激光器装设安全联锁装置，可以保证盖子打开、外壳移动时免受伤害。此外，还必须安装钥匙开关，严格控制激光器的开启。必须强调加强个人防护措施。由于激光对眼睛的危害最大，因而操作者和在现场的人员应戴护目镜。护目镜片应根据激光器的光辐射波长合理选用。

第3节　厚度 $\delta \geqslant 50$ mm 低碳钢板的气割

 **学习目标**

➤ 了解高速气割的割嘴及高速气割的特点。

➤ 熟悉放样和号料。

➤ 掌握普通割炬气割操作要领。

➤ 掌握高速氧气切割的工艺参数。

➤ 能进行厚板气割。

 知识要求

气割广泛应用于钢板的号料、装配过程中的余料切割、边缘修整、不同形式的焊接坡口的加工、铸件冒口的切割等。对于形状复杂、大厚度钢板的号料更有优势。

一、普通割炬气割

1. 放样和号料

（1）放样

根据构件图样，用1:1的比例（或一定的比例）在放样台上或平板上画出其所需图形的过程称为放样。按画出的图形制成样板，供加工和装配使用。

（2）号料

根据图样，或利用样板、样杆等直接在材料上划出构件形状的加工界限，并注明加工符号的过程称为号料。

气割前放样、号料时应注意充分利用材料，进行巧裁套料并留出气割毛坯的加工余量。气割毛坯的加工余量见表6—12。

表6—12　　　　　　　　气割毛坯的加工余量　　　　　　　　　　mm

项目名称	零件长度或直径	零件厚度				
		≤25	>25~50	>50~100	>100~200	>200~300
		每面余量				
零件外形余量	≤100	3.0	4.0	5.0	8.0	9.5
	>100~250	3.5	4.5	5.5	8.5	10.0
	>250~630	4.0	5.0	6.0	9.0	10.5
	>630~1 000	4.5	5.5	6.5	9.5	11.0
	>1 000~1 600	5.0	6.0	7.0	10.0	11.5
	>1 600~2 500	5.5	6.5	7.5	10.5	12.0
	>2 500~4 000	6.0	7.0	8.0	11.0	12.5
	>4 000~5 000	6.5	7.5	8.5	11.5	13.0
孔及端面余量	孔	5	7	10	12	12
	端面	3	5	7	8	8
与中心距有关的余量增加值	中心距	1 000	>1 000~1 500	>1 500~2 000	>2 000~3 000	>3 000~4 000
	孔及端面	3	4	5	6	8
余量公差	余量大小	≤6	6~12	12~18	12~18	>18

2. 操作要领

（1）割炬与割嘴的选择

根据割件的厚度，选择割炬和割嘴的型号。普通割炬的型号及主要数据见表6—13。对大厚度钢板的气割，应选用切割能力较大的割炬及较大号的割嘴，以提高预热火焰能率。为提高切口质量和切割效率，最好采用超音速割嘴。

表6—13　　　　　　　　普通割炬的型号及主要数据

割炬型号	G01－30			G01－100			G01－300				G02－100		
结构形式	射吸式										等压式		
割嘴号码	1	2	3	1	2	3	1	2	3	4	1	2	3
割嘴孔径/mm	0.6	0.8	1	1	1.3	1.6	1.8	2.2	2.6	3	1.0	1.3	1.6
切割厚度范围/mm	2~10	10~20	20~30	10~25	25~30	50~100	100~150	150~200	200~250	250~300	10~25	25~50	50~100

续表

割炬型号	G01－30			G01－100			G01－300				G02－100		
结构形式	射吸式										等压式		
割嘴号码	1	2	3	1	2	3	1	2	3	4	1	2	3
氧气压力 /MPa	0.2	0.25	0.30	0.20	0.35	0.50	0.50	0.65	0.80	1.00	0.40	0.50	0.60
乙炔压力 /MPa	0.001 ~ 0.10	0.001 ~ 0.10	0.001 ~ 0.10	0.001 ~ 0.10	0.001 ~ 0.10	0.001 ~ 0.10	0.001 ~ 0.10	0.001 ~ 0.10	0.001 ~ 0.10	0.001 ~ 0.10	0.05 ~ 0.10	0.05 ~ 0.10	0.05 ~ 0.10
氧气消耗量 / (m³/h)	0.8	1.4	2.2	2.2 ~ 2.7	3.5 ~ 4.2	5.5 ~ 7.3	9.0 ~ 10.8	11 ~ 14	14.5 ~ 18	19 ~ 26	2.2 ~ 2.7	3.5 ~ 4.3	5.5 ~ 7.3
乙炔消耗量 / (L/h)	210	240	310	350 ~ 400	400 ~ 500	500 ~ 610	680 ~ 780	800 ~ 1 100	1 150 ~ 1 200	1 250 ~ 1 600	350 ~ 400	400 ~ 500	500 ~ 600
割嘴形状	环形			梅花形和环形			梅花形						

（2）火焰的调节

割炬点燃后需根据所切割材料的种类和厚度，分别调节预热氧和乙炔调节阀，直到获得所需要的火焰种类和能率。调节好预热火焰后，再开启切割氧调节阀，检查切割氧流的形状和长度，直至符合要求为止。切割氧流应为清晰的圆柱体，其长度一般应超过割件厚度的1/3，如图6—15所示。

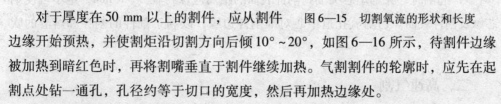

图6—15 切割氧流的形状和长度

（3）预热

对于厚度在50 mm以上的割件，应从割件边缘开始预热，并使割炬沿切割方向后倾10°～20°，如图6—16所示，待割件边缘被加热到暗红色时，再将割嘴垂直于割件继续加热。气割割件的轮廓时，应先在起割点处钻一通孔，孔径约等于切口的宽度，然后再加热边缘处。

（4）气割前

先要调整割嘴和切割线侧平面的夹角为90°，如图6—17所示，以减少机械加工量。

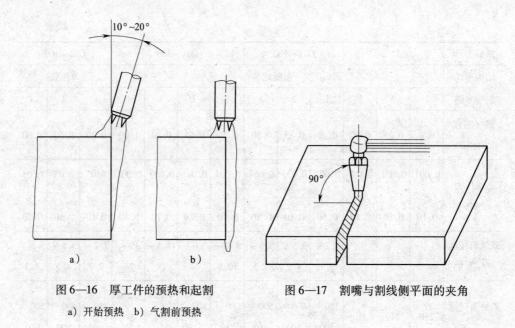

图6—16　厚工件的预热和起割　　　　图6—17　割嘴与割线侧平面的夹角

a）开始预热　b）气割前预热

（5）起割

1）当割件被加热到亮红色时，可先慢慢开启切割氧调节阀，待看到液态金属被吹动时便可加大切割氧流。听到割件下面发出"啪啪"的声音，则表明割件已被割穿。

2）对于厚割件，因预热温度上下不均匀，起割时需慢慢开启切割氧调节阀。否则会因高速氧流的冷却作用，而使起割中断。

3）气割厚度大于30 mm的割件时，应先将割嘴向前倾斜20°～30°，待斜方向割穿后，再将割嘴逐渐转向垂直状态，将割件割穿，进入正常气割，如图6—18所示。

4）起割薄件的内轮廓时，起割点应选择在舍弃材料上，待割穿后再将割嘴移向切割线，如图6—19所示。

5）起割时，火焰焰芯尖端到割件表面的距离应保持在3～5 mm，绝不可使焰芯触及割件表面。切割氧孔道中心对准割件边缘，以利于割件的割穿和熔渣的吹除。

二、高速气割

气割的实质就是铁在氧中燃烧和吹渣的过程，在切割过程中起主导作用的是氧气。要提高切割速度和切割厚度，关键在于提高切割氧流的动量、纯度以及强化预热过程。为此，必须改进普通割嘴的结构或采用新的结构，以提高氧气的压力和增

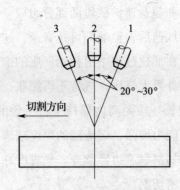

图 6—18 起割时割嘴的倾斜角
与工件厚度的关系

1—厚度为 4 ~ 20 mm   2—厚度为 20 ~ 30 mm

3—厚度大于 30 mm

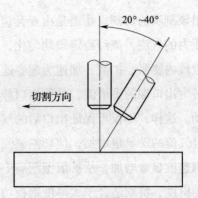

图 6—19 起割薄件内轮廓时
割嘴的倾斜角

大氧气的供应量，利用高速和高流量的氧气射流，使金属快速燃烧并将氧化物熔渣很快吹除。

1．高速气割的特点

（1）切割费用低

采用高速气割时，虽然氧气的流量比普通气割大，但切割速度快（一般比普通气割要提高 40% ~ 100%），故每单位长度的切割费用反而降低。

（2）切割变形量小

由于切割速度快，传到钢板上的热量较少，因而钢板的变形量较小。

（3）切割厚度大

因氧气的动量较大、射流很长，所以可切割较厚的钢材，或增加多层钢板的厚度。

2．高速气割的割嘴

割嘴结构和内腔几何形状是决定高速气割的关键，常用的割嘴有扩散型和组合式两种。

（1）扩散型割嘴

普通气割用的割嘴，其切割氧孔道的形状有直筒形、收缩形和阶梯形三种，这些孔道是跨亚音速喷管，当增加入口气体压力时，其出口气体流速也增加。但气流出口流速的增加有一限定值，即最大为音速（马赫数 $M = 1$）。如再增加入口气体压力，将会出现出口气体流速不但不再加大，反而横向膨胀，使气流变粗、紊乱，使切割性能严重恶化，无法达到高速切割的目的。

扩散型割嘴是采用拉瓦尔型喷管的原理制成的，如图 6—20 所示，从图中可以看出该割嘴的切割氧孔道是由亚音速收缩段和超音速扩散段两部分组成。当具有一定压力的气流，流经稳定段均匀化，收缩段加速后，至喉部可达音速，这时气流在扩散段内膨胀、扩散，加速为超音速气流。在加速过程中由初始膨胀的锥形流，逐步转为出口端的平形流，并使出口静压等于外界大气压，气流不再膨胀，只受微弱扰动。这样，不仅可保证出口后的气流在较长一段距离内保持平行一致的超音速，而且气流的动量也增加，使切割氧流的排渣能力增强，熔渣层的厚度减薄，从而使切割速度显著增加。从扩散型割嘴中流出的切割氧流边界整齐、平直度好，具有一定的挺度，特别适合于大厚度钢板切割和精密切割。

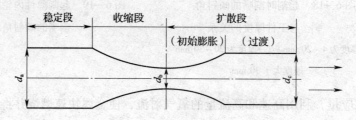

图6—20 扩散型切割氧孔道示意图

（2）组合式割嘴

高速气割预热火焰常用的可燃气体是乙炔和丙烷。这两种气体的物理、化学性质不同，使用不同气体时，割嘴预热火焰孔道的结构也有差异。为了使用时的通用性，常采用组合式结构的余热火焰孔道。组合式割嘴余热火焰孔道是由锥度接头1、外套2和嘴芯3组成，如图6—21所示。使用不同的可燃气体时，只需更换锥度接头，外套可以通用。使用同一可燃气体切割不同厚度钢板时，只需更换嘴芯即可，锥度接头和外套同样可以通用。

这样，使用丙烷或乙炔时，只要更换不同组件即可得到所需要的预热火焰。

3. 高速氧气切割的工艺参数

（1）切割氧压力

在割件厚度、割嘴代号、氧气纯度均已确定的情况下，气割氧压力的大小对气割质量有直接的影响。当采用按马赫数（音速）$M=2$设计的割嘴时，切割氧压力约为0.70 MPa，氧气的消耗量最小，切口质量最好；当切割氧压力低于此值时，氧气供应不足，会引起金属燃烧不完全，降低切割速度，切口下部变窄，甚至会产生

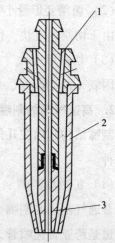

图6—21 组合式割嘴的
余热火焰孔道

1—锥度接头 2—外套

3—嘴芯

割不穿的现象；当切割氧的压力高于此值时，切口表面纹路粗糙，切口加大，对于厚板还会出现深沟，切口呈喇叭状。这是因为出口氧流压力大于外界气压，使气流过度膨胀或出口后继续膨胀而扰乱了切割氧流。同时过剩的氧气对割件有冷却作用，氧气消耗量也大。

（2）切割速度

切割速度主要取决于割件的厚度，割件越厚，割速越慢。切割速度可以在较宽的范围内进行选择。在不产生塌边的情况下，切割速度较慢，切口表面的粗糙度值可达 $Ra3.2$。若切割速度过快，不仅使后拖量迅速增加，而且还会出现凹心和挂渣等缺陷，使切口纹路变粗，高速切割时的切割参数见表6—14。

表6—14　　　　　　　　高速切割时的切割参数

钢板厚度/mm	割嘴孔径/mm	切割氧压力/MPa	可燃气体压力/MPa	切割速度/（mm/min）
<5				1 100
5~10				1 100~850
10~20	0.70	0.75~0.80	0.02~0.04	850~600
20~40				600~350
40~60				350~250
20~40				650~450
40~60	1.00	0.75~0.80	0.02~0.04	450~380
60~100				380~200
60~100	1.50	0.70~0.75	0.02~0.04	430~270
100~150				270~200
100~150	2.00	0.70~0.75	0.02~0.04	300~250
150~200				250~170

（3）割嘴的后倾角

当进行直线气割薄板时，应将割嘴沿气割方向后倾一个角度，以促使熔渣的热量沿着气割方向传播，使切口得到良好的余热，从而促进铁的燃烧反应，使切割速度显著提高。但气割厚钢板时，增大后倾角反而使气割困难。因此，后倾角应随钢板的增加而减小，见表6—15。

表6—15　　　　　　　　后倾角与钢板厚度的关系

钢板厚度/mm	<10	10~16	16~22	22~30
后倾角	30°~25°	25°~20°	20°~10°	10°~0°

（4）气体消耗量

采用不同的割嘴孔径时，乙炔割嘴和丙烷割嘴的气体消耗量不同，见表6—16。

表6—16　　　　　　　　　　　　高速气割时的气体消耗量

割嘴孔径/mm	割嘴类别	切割氧消耗量/（L/h）	预热氧消耗量/（L/h）	乙炔或丙烷消耗量/（L/h）
0.70	乙炔割嘴	1 880～2 020	530～950	510～910
	丙烷割嘴	1 880～2 020	1 120～1 860	320～550
1.00	乙炔割嘴	4 040～4 300	530～950	510～910
	丙烷割嘴	4 040～4 300	1 120～1 860	320～550
1.50	乙炔割嘴	7 600～8 600	660～1 060	640～1 020
	丙烷割嘴	7 600～8 600	1 500～2 500	450～740
2.00	乙炔割嘴	12 260～14 420	660～1 060	640～1 020
	丙烷割嘴	12 260～14 420	1 500～2 500	450～740

4．高速气割的质量

（1）切口表面粗糙度

高速气割切口表面粗糙度与切割速度有关，见表6—17。高速气割切口表面粗糙度值一般均可达到 $Ra6.3$，甚至可达 $Ra3.2$，这完全符合精密切割的要求。

表6—17　　　　　　　　　　　　切割速度与表面粗糙度级别

切割速度/（mm/min）	200	300	400	500
表面粗糙度级别 Ra	3.2	3.2	6.3	12.5

（2）切口表面硬度

高速气割具有淬硬倾向的钢材时，其切口表面的硬度均高于母材。但硬化层极薄，对机械加工影响不大，而普通气割切口质量难以达到这样的水平。

（3）热影响区的宽度

高速气割几种碳钢和合金钢，切口边缘热影响区很窄，总宽度均小于 1 mm，因此，对机械加工的影响不大。高速气割用来切割合金结构钢时，显示了很大的优越性。

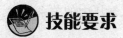 **技能要求**

厚度 $\delta \geqslant 50$ mm 低碳钢板的气割

一、操作准备

1．设备及工具

氧气瓶、乙炔瓶、氧气减压器、乙炔减压器、G01 – 100 型割炬、3 号梅花形割嘴。

2．辅助工具

护目镜、通针、扳手、钢丝钳、点火枪及钢丝刷。

3．防护用品

工作服、手套、胶鞋、口罩、护脚等。

4．割件

Q235 钢板，长×宽×厚为 450 mm×300 mm×50 mm。

二、操作步骤

1．割前清理

首先用钢丝刷仔细地清理割件表面，去除鳞皮、铁锈和尘垢，使火焰能直接对钢板预热。然后用耐火砖将割件垫起，以便排放熔渣，不允许把割件直接放在水泥地上进行气割。

2．点火

点火前先检查割炬的射吸能力。若割炬的射吸能力不正常，则应查明原因，及时修复或更换新的割炬。点火后将火焰调节成中性焰或轻微氧化焰，并检查切割氧流的形状，使之符合要求。氧气压力为 0.70 MPa，乙炔压力为 0.05 MPa。

3．切割

（1）在气割过程中，应经常调节预热火焰，使之保持为中性焰或轻微的氧化焰，并使焰芯到割件表面的距离始终保持在 3 ~ 5 mm 范围内，割嘴应垂直于割件表面。

（2）厚板切割速度较慢，为防止切口上边缘产生连续珠状铁渣、上缘被熔化成圆角以及减少背面黏附的挂渣，应采用相对较小的火焰能率。

（3）在切割过程中，应调节好切割氧压力。割件厚度与氧气压力的关系见表6—18。

表6—18　　　　　　　　　　割件厚度与氧气压力的关系

板厚/mm	切割氧气压力/MPa	板厚/mm	切割氧气压力/MPa
4以下	0.3 ~ 0.4	50 ~ 100	0.7 ~ 0.8
4 ~ 10	0.4 ~ 0.5	100 ~ 150	0.8 ~ 0.9
10 ~ 25	0.5 ~ 0.6	150 ~ 200	0.9 ~ 1.0
25 ~ 50	0.6 ~ 0.7	200 ~ 300	1.0 ~ 1.2

切割氧压力过低，切割过程中的氧化燃烧速度慢，切口背面挂渣多且不易除去，甚至产生割不穿的现象；反之，若切割氧压力过高，会使切割氧流膨胀成圆锥形，造成切口宽度上下不均匀，同时还会造成对切口的强冷却作用，使切割速度降低。

在气割过程中，不仅要保证氧气和乙炔的充分供应，而且要保证氧气压力的稳定。为确保氧气的供应，通常采用气体汇流排，即将多个氧气瓶并联起来供气。为保证氧气压力稳定，应选择流量较大的氧气减压器。乙炔气应由乙炔瓶供给。

（4）切割速度要保持均匀一致，厚板气割时，割件上下受热不一致，下层金属的燃烧比上层金属慢，易形成较大的后拖量，甚至割不穿。切割速度是否正常，可以通过熔渣的流动方向来判断。切割速度合适时，熔渣的流动方向基本上与工件表面相垂直。

（5）为保证切口宽窄均匀，气割前可在切割线两侧划好限位线，如图6—22所示，割炬可在限位线内做横向月牙形摆动。

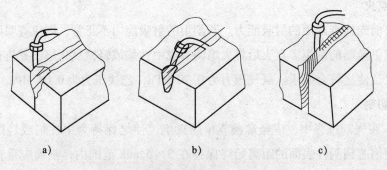

图6—22　大厚度钢板气割过程示意图

（6）气割过程中，若遇到割不穿的情况时，应立即停止气割，以免发生气体涡流，使熔渣和氧气在切口内旋转，导致切割面产生凹坑，如图6—23所示。

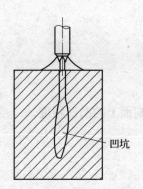
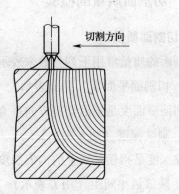

图 6—23 凹坑

（7）气割较长的直线或曲线中途移动位置时，应先关闭切割氧调节阀，将预热火焰离开切口，位置移动好继续气割时，割嘴一定要对准切口的接头处，并将切割处重新预热到燃点再缓慢地开启切割氧调节阀。

（8）气割曲线时割嘴与切割方向的倾角应尽量小一些，切割速度不要太快，熔渣的流动方向应与工件表面相垂直，防止切口倾斜。

（9）气割临近终端时，应逐渐将割嘴向切割方向后倾 20°～30°，如图 6—24 所示，适当地放慢切割速度，使切口下部的钢板先割穿。这样收尾的切口较平整。

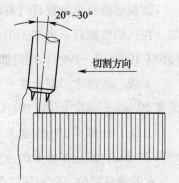

4．注意事项

（1）钢板在气割前要校直，并尽量置于水平位置。切口及其附近要清理好。

（2）被割钢板要选择合适的支持方法。

（3）要正确地选择气割规范，并严格地按气割

图 6—24 终端气割的倾角

规范进行气割。

（4）切割时，氧气压力的大小应适当，应根据工件厚薄、切割嘴型、切割速度等因素加以选择。

（5）预热时火焰能率不应选择过大或过小。

（6）切割速度要适当，此时熔渣和火花应垂直向下去，或成一定的倾斜角度。

（7）割炬要保持清洁，不应有氧化铁渣的飞溅物粘在嘴头上，尤其是割嘴内孔要保持光滑。

三、切割面质量的检验

1. 切割面质量

切割面的质量常用下列参数来表示：

（1）切割面平面度（用 u 表示）

切割面平面度是指沿切割方向垂直于切割面上的凸凹程度。

（2）割纹深度（用 h 表示）

割纹深度是指切割面上的沟痕深度。

（3）缺口最小间距（用 L 表示）

缺口最小间距是指切割面上相邻缺口间的最短距离。

2. 检验条件

（1）测量切割面平面度 u 和割纹深度 h 时，应在没有缺陷的切割面上进行。

（2）测量不应在切割面的始端及终端进行，应符合图样的技术条件规定。

（3）作为测量基准的割件上平面，必须平整和洁净。

3. 测量部位及测量数目

测量部位及测量数目与割件的形状、尺寸有关，有时还与应用目的有关（例如，在火焰切割后不再加工的齿轮面上测量）。《热切割　气割质量和尺寸偏差》（JB/T 10045.3—1999）规定如下：

Ⅰ级：在每米切割长度上至少测量两个部位。每个测量部位测定 u 值 3 次，各距离 20 mm；测定 h 值 1 次。

Ⅱ级：在每米切割长度上至少测量 1 个部位。每个测量部位测定 u 值 3 次，各距离 20 mm；测定 h 值 1 次。

h 的测量部位，在距切口上边切口厚度的 2/3 处。

4. 检验切割面质量的操作方法

根据上述标准或图样的规定，用切割面质量样板在现场作对比测量，对比得出的切割面质量等级即作为测量结果。

切割面平面度 u、割纹深度 h 和缺口最小间距 L 的数值，可用钢直尺、90°角尺、游标深度尺、金相工具显微镜等测量仪器和量具进行测量。